北京天气预报服务技术手册

（7 月篇）

北京市气象台　编著

气象出版社
China Meteorological Press

内容简介

7 月，北京地区雷电、暴雨、冰雹、短时大风、高温等高影响天气呈现多发、频发趋势，精准预报难度非常大。为了做好该时段的精细化天气预报及重大活动预报服务保障工作，预报技术人员针对高影响天气的天气系统、典型天气过程及预报难点、模式预报检验等方面进行分析研究和总结，凝练出高影响天气发生发展演变规律、概念模型和短时临近预报着眼点，撰写完成这本《北京天气预报服务技术手册(7 月篇)》。本书可做为一线预报服务人员参考用书，为预报经验积累、提高预报能力和技术水平提供参考和帮助。

图书在版编目（CIP）数据

北京天气预报服务技术手册. 7月篇 / 北京市气象台编著. -- 北京 : 气象出版社, 2023.7
ISBN 978-7-5029-8003-0

Ⅰ. ①北… Ⅱ. ①北… Ⅲ. ①天气预报－北京－手册 Ⅳ. ①P45-62

中国国家版本馆CIP数据核字(2023)第134776号

北京天气预报服务技术手册(7 月篇)
BEIJING TIANQI YUBAO FUWU JISHU SHOUCE(7 YUE PIAN)

出版发行： 气象出版社
地　　址： 北京市海淀区中关村南大街 46 号　　**邮政编码：** 100081
电　　话： 010-68407112(总编室)　010-68408042(发行部)
网　　址： http://www.qxcbs.com　　**E-mail：** qxcbs@cma.gov.cn
责任编辑： 张锐锐　郝　汉　　**终　　审：** 张　斌
责任校对： 张硕杰　　**责任技编：** 赵相宁
封面设计： 楠竹文化
印　　刷： 北京建宏印刷有限公司
开　　本： 787 mm×1092 mm　1/16　　**印　　张：** 8
字　　数： 229 千字
版　　次： 2023 年 7 月第 1 版　　**印　　次：** 2023 年 7 月第 1 次印刷
定　　价： 78.00 元

《北京天气预报服务技术手册(7 月篇)》
编写组

主　　　　编:季崇萍　郭　锐　雷　蕾

主要撰写人员:雷　蕾　张迎新　赵　玮

参加撰写人员:

周　璇　李　桑　秦庆昌　邢　楠

王　娟　宋　甫　曲　艺　宋林烨

吴宏议　王媛媛　那　莹

专　家　顾　问(按姓氏拼音排列):

陈明轩　程丛兰　甘　璐　梁　丰

乔　林　秦　睿　时少英　王　冀

肖　现　杨　璐　于　波　张英娟

仲跻芹

前言

7月，北京地区冷暖空气交汇频繁，天气变化多端，雷电、暴雨、冰雹、大风、高温等高影响天气呈现多发、频发趋势。同时，北京具有复杂的地形地貌，西部、北部和东北部三面环山，东南部是华北平原，海拔高度自西向东、自北向南逐渐从1000～1500 m下降至20 m左右，高影响天气精准预报的难度非常大。

为了帮助预报服务人员做好该时段北京地区的复杂天气预报和服务，在北京市气象局的支持下，以北京市气象台预报业务人员为主，北京市气候中心、北京城市气象研究院的业务和技术人员合作，在北京市气象局领导和各相关单位领导的关心指导下，全体编撰人员经过反复研讨，不断修改，共同努力最终完成了本手册的编撰工作。本手册分析了近20年气象要素的特征，针对高影响天气（强降雨、强对流、高温等）的天气系统、典型天气过程及预报难点、模式预报检验等方面内容进行分析和总结，凝练出高影响天气发生发展演变规律、概念模型和预报着眼点。

本手册共分4章，季崇萍、郭锐和雷蕾负责手册设计、组织编写和文稿审定工作。手册技术分析内容中，强对流、暴雨、高温和雾分别由雷蕾、张迎新和赵玮负责组织撰写。手册具体章节内容及参与撰写人员如下：第1章为天气系统及高影响天气概念模型，由雷蕾、张迎新、赵玮撰写；第2章为边界层风、气温分析，由秦庆昌和周璇撰写；第3章为高影响天气典型个例，由雷蕾主要撰写（其中第3.1.1节由张迎新撰写，第3.1.3节和第3.1.4节由赵玮撰写），王娟、宋甫和王媛媛参与分析了典型个例；第4章为气象要素模式预报效果检验，第4.1节由邢楠撰写，第4.2节由李桑撰写，第4.3节由曲艺撰写，第4.4节由宋林烨等撰写。

本手册编写过程中北京市气象局领导和专家顾问审阅了书稿，并提出了宝贵的修改意见。北京城市气象研究院、北京市气候中心等兄弟单位提供了人员和技术的大力支持，国家气象中心唐健博士给予了技术帮助。气象出版社张锐锐主任和郝汉编辑也为此书付出了辛勤劳动，在此一并感谢！

《北京天气预报服务技术手册（7月篇）》编写组

2023年5月

目录

第1章 天气系统及高影响天气概念模型

1.1 天气系统及影响

梳理统计2010—2020年6月20日—7月5日176 d中低涡、高空槽、低空切变线等天气系统。北京地区受低涡(包括东北冷涡、蒙古低涡、华北低涡,影响区域如图1.1所示)影响为81 d(占比46.0%),是主要的天气系统;其中,受东北冷涡影响为45 d,占比25.6%;蒙古低涡为22 d,占比12.5%;华北低涡为14 d,占比7.9%。受高空槽影响为70 d(占比39.8%);其中,低涡和高空槽系统共同影响的天数为16 d,占比9.1%。此外,500 hPa无明显影响系统,但700 hPa或850 hPa至少有一层有切变线的天数占比8.5%;500 hPa、700 hPa和850 hPa三层均无明显影响系统的天数占比14.8%(图1.2)。由此可见,低涡和高空槽是最重要的天气系统,占比76.7%。低涡易造成强对流天气,局地性强、不确定性大,定时、定点、定量的预报难度大。

该期间高影响天气主要有雷雨大风和冰雹等强对流天气、暴雨、高温、雾和沙尘等低能见度天气。不同的天气系统产生的高影响天气概率如图1.3所示。受高空槽影响时,高影响天气出现的概率最大,日数占比93%;出现晴或多云的情况非常少见,占比仅为4%。其次,受切变线和低涡影响时,高影响天气出现的概率分别达87%、78%。受低涡影响时,虽然概率有所降低,但是低涡造成的强对流天气局地性更强,预报中对定点区域出现高影响天气的时段把握不够精确,预报难度更大。此外,无明显天气系统影响的情况下,仍然有27%会出现高影响天气,由于动力强迫信号弱,预报难度也很大。

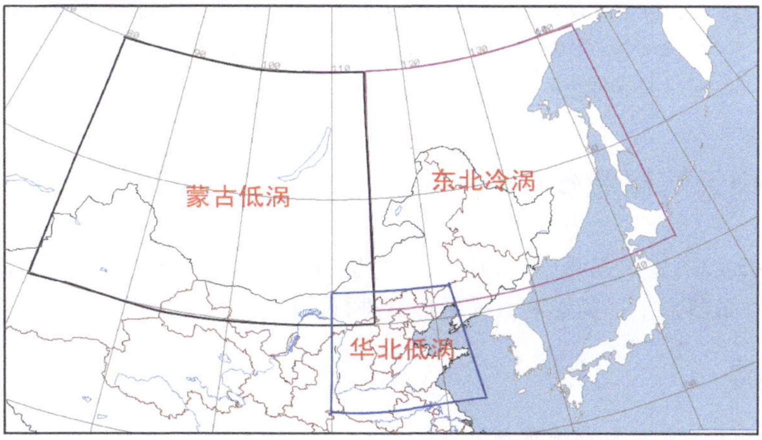

图1.1 蒙古低涡、东北冷涡、华北低涡定义的范围示意图

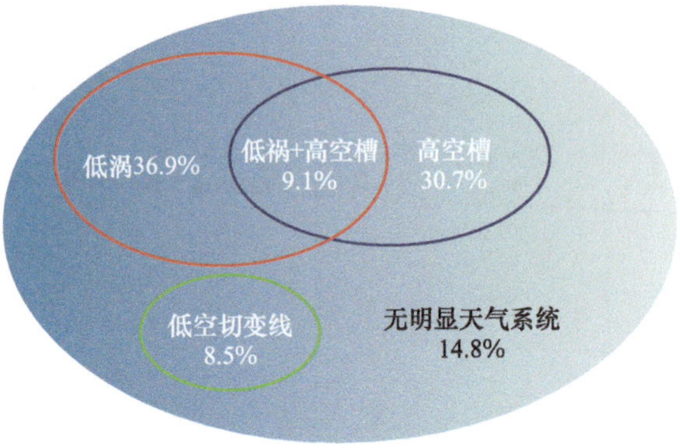

图 1.2　2010—2020 年 6 月 20 日—7 月 5 日北京地区主要影响天气系统及其占比

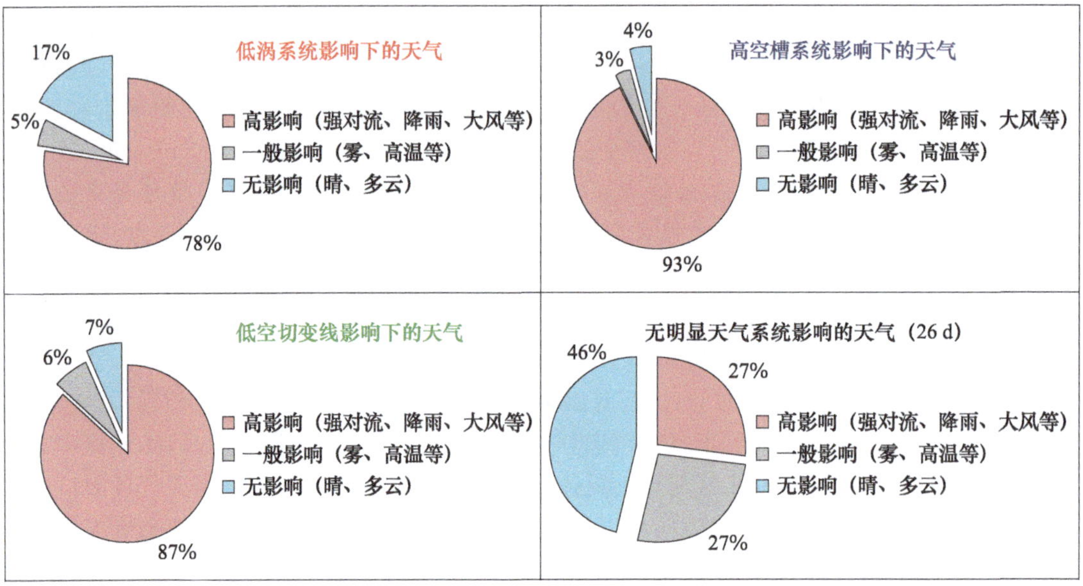

图 1.3　2010—2020 年 6 月 20 日—7 月 5 日不同天气系统造成的天气情况占比

（统计数据基于北京市自动站雨量、北京观象台天气现象记录以及北京市短时临近天气监测预警一体化平台(VIPS)的台站上报记录）

1.2　高影响天气概念模型

前一节分析发现，造成强降雨、短时大风、高温、雾等高影响天气的系统主要为高空槽、切变线、低涡等，本节将对上述高影响天气的形势进行总结。

1.2.1　强降雨

1.2.1.1　环流形势及主要影响系统

(1)环流特征

使用 1991—2020 年美国国家环境预报中心(NCEP)再分析资料，计算出 6 月 20 日—7 月 5 日 500 hPa 位势高度气候平均分布(图 1.4)、850 hPa 风矢量气候平均分布(图 1.5)、整层大气水汽通量(图 1.6)。

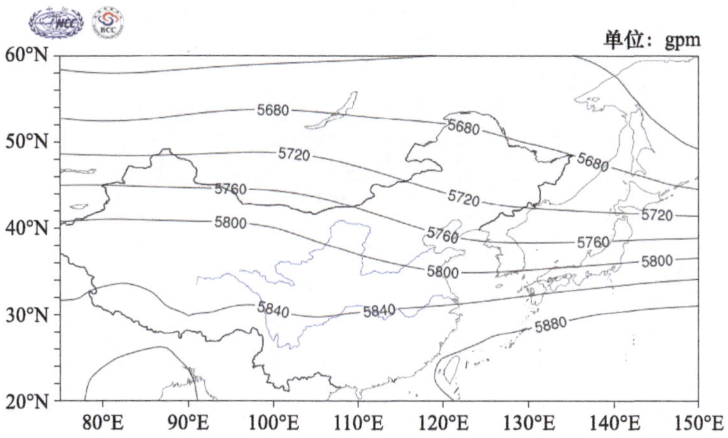

图 1.4　1991—2020 年 6 月 20 日—7 月 5 日 NCEP 模式 500 hPa 位势高度气候平均分布图

环流特点：西太平洋副热带高压(以下简称“副高”)120°E 脊线位置在 23°N 附近，588 dagpm线在 30°N 以南；中纬度环流较平直，110°E 以东为槽区。北京位于中纬度西风环流的槽区。主要影响系统为西风带低槽、低涡(蒙古低涡、华北低涡、东北冷涡等)。影响北京的西风带低槽一般指 500 hPa 35°～50°N，110°～120°E 的低槽。

由于印度季风低压的发展和副高加强北进，850 hPa 以西南风为主，110°～120°E 附近的西南季风偏南气流的大值区位于 30°N 以南；西南风与北风、西北风的风切变位于中蒙边界附近。

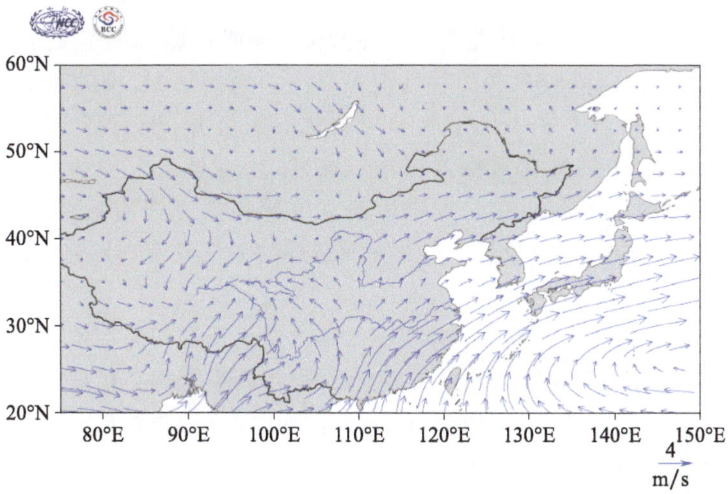

图 1.5　1991—2020 年 6 月 20 日—7 月 5 日 NCEP 模式 850 hPa 风矢量分布图

110°～120°E 附近的西南季风的大值区位于 30°N 以南，对应整层大气的水汽通量的大值区位于 30°N 以南，华北地区处于 100～150 kg/(s·m)(图 1.6)。

(2)主要影响系统

普查 2010—2020 年 6 月 20 日—7 月 5 日降水的影响系统，主要有西风带低槽、低涡(东北冷涡、蒙古低涡、华北低涡)。

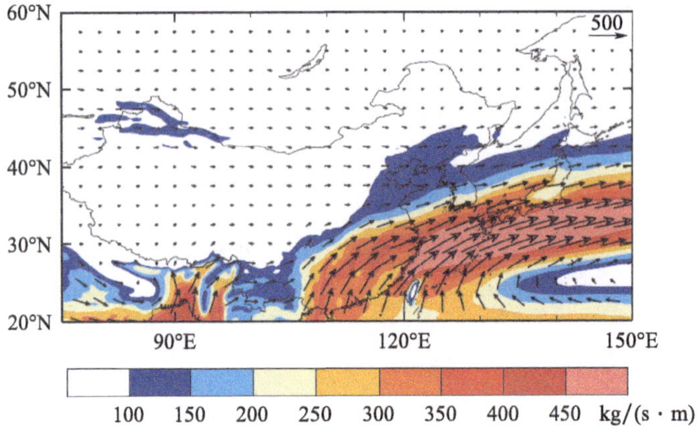

图 1.6 1991—2020 年 6 月 20 日—7 月 5 日 NCEP 整层积分水汽通量分布图

1)西风带低槽

西风带低压槽有 2 种形式。当低槽随高度向西北方向倾斜时，导致低槽后倾，为后倾型。相反，当低槽随高度向东倾斜时，造成低槽前倾，为前倾型。低槽的形式完全由槽的垂直方向的形态所决定。一般来说，西风带低槽的降水位于槽前，呈南北向带状，前倾槽型对流发展旺盛，雨强大。

2)低涡

低涡属于经向环流形势下的天气系统，多出现于经向环流维持或纬向环流向经向环流转换的时期。低涡是大尺度环流系统，从低空到高空都有表现，是比较深厚的系统，对北京天气影响较大。

东北冷涡。高空冷涡的出现与亚洲阻高相关，6 月亚洲阻高稳定时，东北冷涡出现较多。东北冷涡的形成有 2 种情况，第 1 种情况是高空西风槽加深，槽的南部断离母体而形成冷涡；第 2 种情况是有两个或多个低压北上与东北低压合并，于是高空槽充分加深形成冷涡，这样形成的冷涡较少，只有在夏季才出现。此外，还有早已形成的高空冷涡，从西伯利亚移到东北地区。当东北冷涡的东北方雅库茨克或鄂霍次克海有比较稳定的阻塞高压存在时，则冷涡受阻停滞，持续时间较长。东北冷涡造成的天气具有对流性，夏季常造成华北雷阵雨天气。

华北低涡。影响北京的华北低涡大体可分为移入型低涡和切断型低涡。移入型低涡是指从新疆、蒙古西北部或贝加尔湖附近移来的高空低涡；切断型低涡是指从蒙古横槽或较深的低槽中切断而成的低涡。进入这个范围的低涡往往能造成北京的强对流天气。

蒙古低涡。蒙古低涡是造成北京强对流天气最主要的系统，常造成午后到傍晚的雷阵雨伴大风天气，经常伴有降雹，且多强冰雹。蒙古低涡带来的天气具有日变化明显、时间短、强度大、局部性明显，且可能持续数日等特点，个别地点降水量可达暴雨级别。蒙古低涡带来的天气主要出现在低涡的东南方。蒙古低涡对北京的影响程度和范围主要取决于低涡的位置、强度和移向。另外，若蒙古低涡移动缓慢或停滞少动，可造成北京连续数日的强对流天气。

1.2.1.2 概念模型

普查 2010—2020 年 6 月 20 日—7 月 5 日主城区中雨及以上的降雨过程，按照 500 hPa 主要影响系统，概括出 2 类强降雨天气概念模型。

(1)西风带低槽类

500 hPa 西风带低槽南北范围在 33°～45°N，走向为东北西南向或南北向，南部常有高原槽同位相叠加；当南北走向的低槽跨越 12 个纬度以上，且槽底在 30°N 以南时，则容易出现大范围中雨及以上的降雨过程。

850～700 hPa 有低槽对应，槽前伴有≥12 m/s 的西南急流或大风区，且配合湿区，850 hPa 比湿可达 12～14 g/kg(图 1.7a)。

(2)低涡类

1)东北冷涡类

东北冷涡后部有横切变南压，且横切变后部常配合冷槽或冷中心。华北地区 700～850 hPa有湿舌，850 hPa 比湿可达 8～12 g/kg。华北地区边界层内盛行偏南暖湿气流，地面有锋面配合(图 1.7b)。与横切变配合的高空干冷空气和边界层暖湿气流输送的水汽，在动力、热力垂直运动作用下，常带来对流性天气。当湿度条件较好时，往往出现局地或区域性暴雨。

2)华北低涡类

华北低涡存在时，其涡底西部常有小槽，或横切变(常有温度槽配合)南摆。地面上有时有副冷锋(或辐合线)东南移。同时，低层是暖湿的偏南气流，风速有时可达到低空急流的程度，有时还有东南气流存在，这两支气流在华北形成低空辐合。500 hPa 是西来的干冷空气，与低层暖湿空气相叠加，形成位势不稳定区，在地面副冷锋(辐合线、地形等)的触发下，产生强对流天气，造成局部阵性天气，其概念模型如图 1.7c 所示。

3)蒙古低涡类

蒙古低涡存在时，俄罗斯滨海地区和贝加尔湖西部，均为稳定高压脊控制。此时，低涡移动缓慢或停滞少动。500 hPa 低涡底部不断有冷空气旋转南下。同时，低层是暖湿的偏南气流，风速有时可达低空急流的强度。热力不稳定、动力不稳定条件为强对流的发生提供了很好的不稳定条件。因此，当蒙古低涡东移影响到北京地区时，冷空气前一般会发生对流性降水，如图 1.7 d 所示。

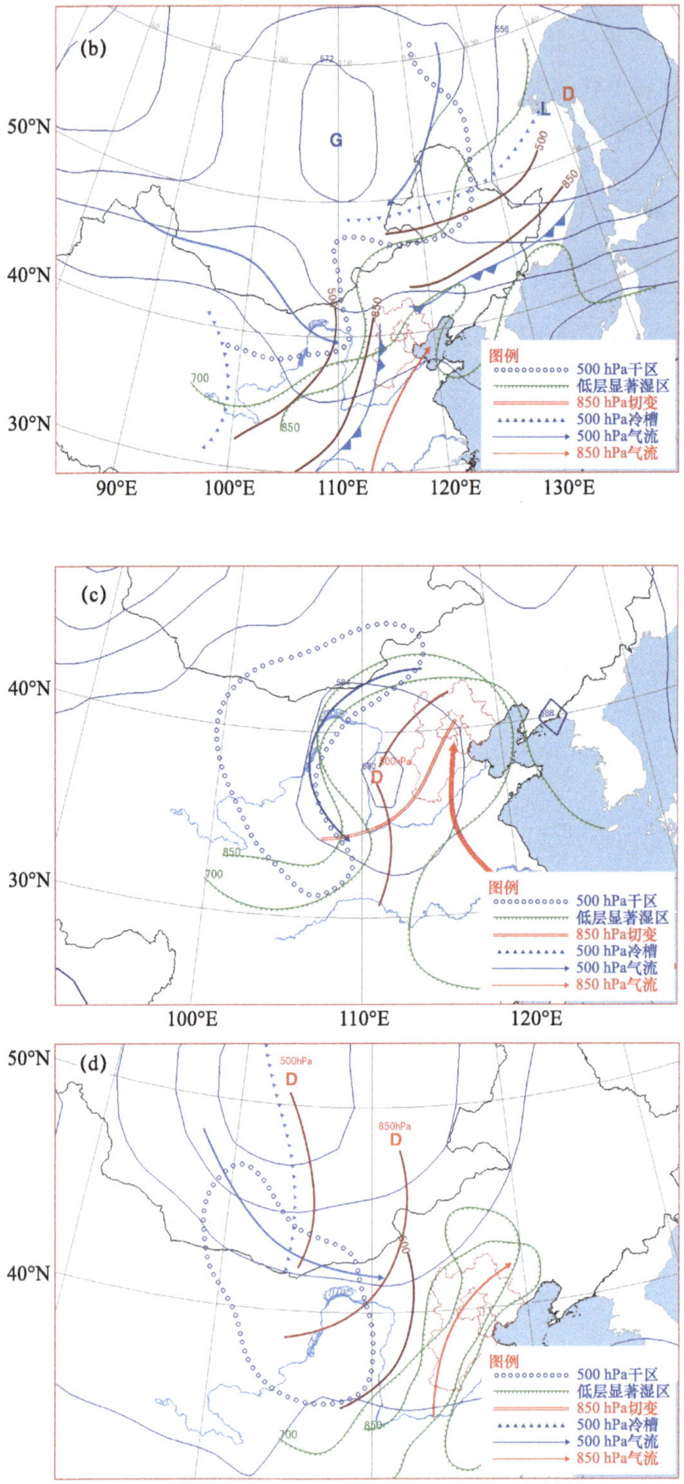

图 1.7　西风带低槽型(a)、东北冷涡型(b)、华北低涡型(c)、蒙古低涡型(d)强降雨概念模型

1.2.2　短时大风

北京地区的雷暴大风(极大风速 17.2 m/s(8 级)及以上)统计分析表明，雷暴大风有明显的季节性，一般出现在 5—9 月；其中，6 月、7 月出现次数最多。此外，雷暴大风具有一定的日变化特征，多出现在午后到傍晚(13—21 时)，尤其以 16—18 时居多。北京地区雷暴大风具有地域分布特征，山区比平原多，西部的延庆、昌平、门头沟、海淀和东北部的平谷都是雷暴大风多发的区域；位于平原地区东部的通州和朝阳北部也属于城区中雷暴大风发生较多的地区。

按照 500 hPa 天气系统，普查 2000—2020 年 6 月 20 日—7 月 5 日造成北京地区雷暴大风的天气概念模型主要有 3 种，分别为蒙古低涡低槽型、西风槽型、冷涡槽后型。

1.2.2.1　蒙古低涡低槽型

这种形势下蒙古低涡中心的位置一般在蒙古国和我国内蒙古交界处，低涡底部有西风槽东移，槽后有明显的干冷平流，通常 500 hPa 或 700 hPa 有一支干的急流，0～6 km 垂直风切变大。并且，多呈现前倾槽特点，低层受偏南风和低压辐合区影响，有时有低空急流出现(图 1.8a)。

1.2.2.2　西风槽型

这种形势下北京受 500～700 hPa 高空槽影响，有时为前倾槽结构，北京位于 500 hPa 槽前、700 hPa 槽后，中层有明显的干冷空气侵入，地面处于低压辐合区或弱气压场，0～3 km 的垂直风切变较大(图 1.8b)。

1.2.2.3　冷涡槽后型

这种形势下北京多处于高空东北冷涡和槽后部的西北气流影响下，上午至中午太阳辐射增温显著。地面处于冷锋前部低压辐合区，湿层比较浅薄；“上干下湿、上冷下暖”的层结不稳定状态下，冷锋南下触发大范围对流性大风，概念模型如图 1.8c 所示。

1.2.3　高温

高温是一种危害较大的灾害性天气，持续高温容易导致居民发病率增加、交通安全事故增多。同时，也加剧居民用电、用水，导致城市供水、供电紧张等现象。高温的发生发展既与天气尺度的暖性环流系统有关，又与热岛效应、下沉增温和地形等因素存在联系。按照中国气象局的规定，将日最高气温达到或超过 35 ℃的天气称为高温天气。从季节变化特征看，北京地区绝大部分的高温天气都出现在夏季，尤以 6 月和 7 月发生次数最多，分别占 40.1%和 44.3%。从空间分布来看，沿山脉的背风坡和南部平原地区是高温事件的高发区，特别是北京城区，受城市热岛效应影响较大，是高温事件最为密集的区域。通过统计 2010—2020 年 6 月 20 日—7 月 5 日城区的高温日数可知，奥体中心出现高温的概率较高(38%)，并且易出现 37 ℃、39 ℃及以上高温，出现 40 ℃及以上高温的日数甚至达到了 7 d(图 1.9)。

统计了城区出现 40 ℃及以上的高温过程(表 1.1)。2010 年 7 月 5 日，北京观象台最高气温达到 40.6 ℃，主城区达到 41.0 ℃。2018 年 6 月 29 日，丰台和奥体中心 2 站均出现了 40 ℃及以上极端高温天气。2010—2020 年奥体中心 40 ℃及以上的高温天气共出现 7 d，极端高温达到 41.6 ℃。7 月 1 日共出现 4 次高温过程，其中，2012 年 7 月 1 日和 2017 年 7 月 1 日是 2 次全市性高温过程，2019 年 7 月 1 日和 2020 年 7 月 1 日为部分站达到高温天气(表 1.2)。

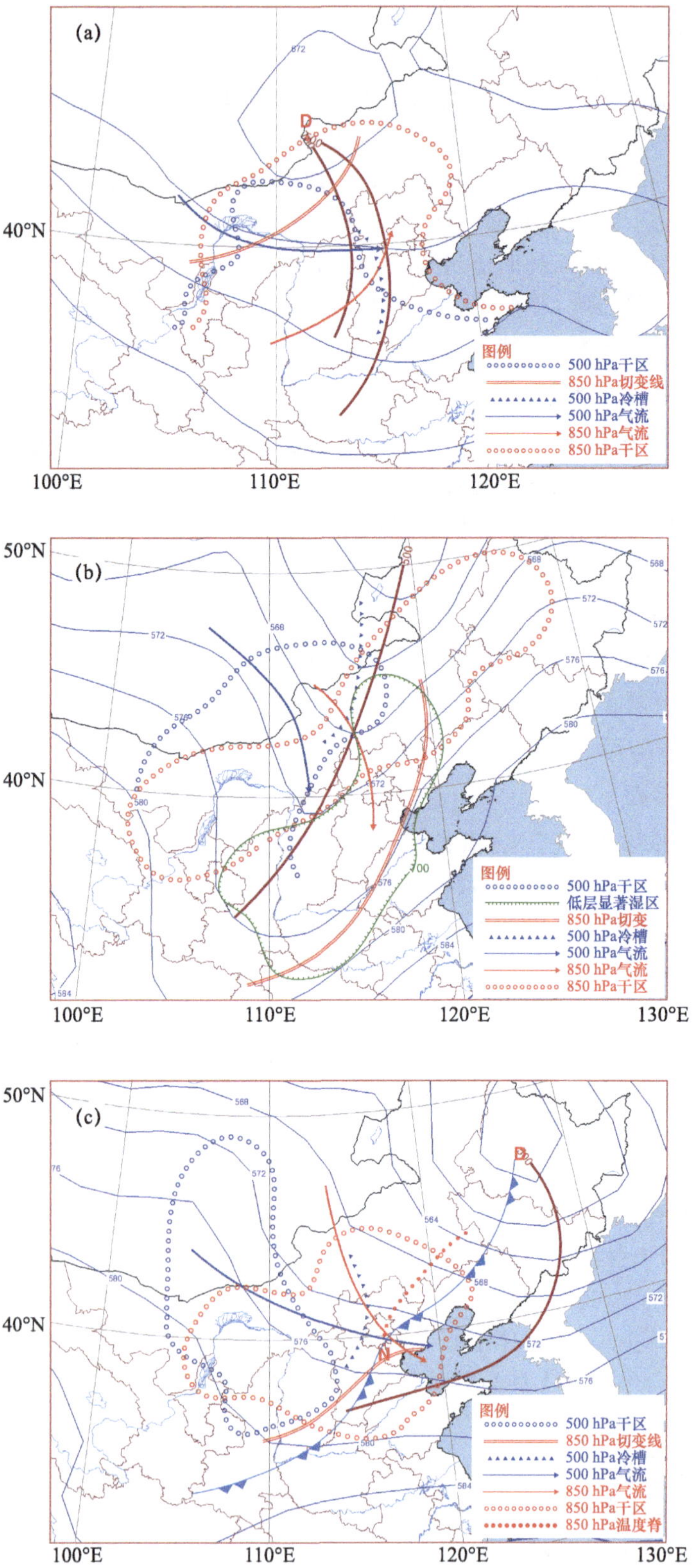

图 1.8 蒙古低涡低槽型(a)、西风槽型(b)、冷涡槽后型(c)短时大风天气概念模型

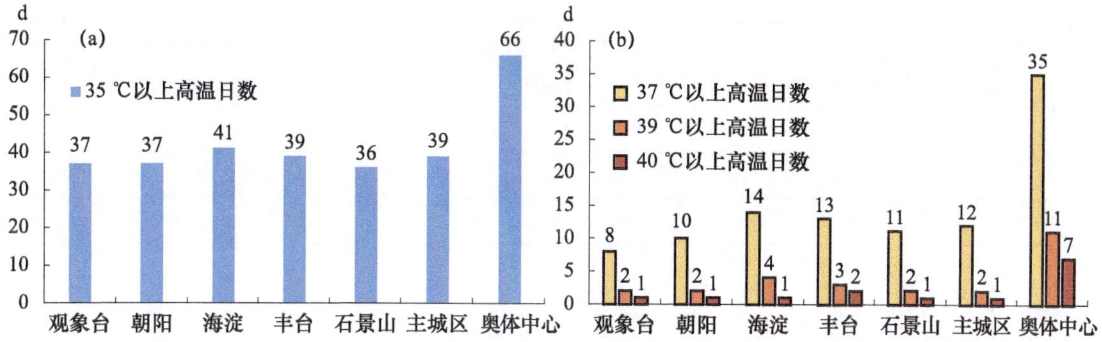

图 1.9　2010—2020 年 6 月 20 日—7 月 5 日北京城区高温日数(a)和分级(b)统计图

表 1.1　2010—2020 年 6 月 20 日—7 月 5 日北京城区 7 站 40 ℃及以上的高温过程　(℃)

	观象台	朝阳	海淀	丰台	石景山	主城区	奥体中心
2010 年 7 月 5 日	40.6	40.4	41.2	40.9	40.4	41.0	41.5
2018 年 6 月 29 日	39.9	39.4	39.6	41.2	39.3	39.6	41.6
2019 年 7 月 4 日	38.0	37.7	38.6	39.0	38.5	38.1	41.5
2018 年 6 月 27 日	38.8	37.9	39.9	39.4	38.7	38.1	40.8
2010 年 7 月 3 日	37.8	38.0	39.5	38.5	38.9	38.1	40.6
2016 年 6 月 26 日	37.6	37.1	37.5	36.6	36.7	37.1	40.0
2019 年 7 月 3 日	36.8	36.5	38.7	38.2	37.6	36.8	40.6

表 1.2　2010—2020 年 7 月 1 日北京城区 7 站的高温过程　(℃)

	观象台	朝阳	海淀	丰台	石景山	主城区	奥体中心
2012 年 7 月 1 日	35.3	35.5	35.7	35.8	36.1	35.8	36.7
2017 年 7 月 1 日	35.7	36.1	35.2	35.9	35.1	35.9	36.1
2019 年 7 月 1 日	34.1	33.7	36.0	35.2	34.6	34.6	37.3
2020 年 7 月 1 日	34.4	33.9	34.2	35.2	34.6	34.1	36.1

对 2010—2020 年主城区高温过程进行分类(表 1.3)，发现高温多为持续性过程，仅出现 1 d的高温过程有 7 次，且最高气温基本都在 35～36 ℃，影响相对较小；连续 2 d 的高温过程也有 7 次，连续 3 d 的高温过程有 2 次，连续 4 d 的高温过程有 3 次。分析可知，高温过程持续时间越长，影响越大，易出现 37 ℃甚至更高的温度，极端高温多发于持续 4 d 的高温过程中，如 2010 年 7 月 5 日，极端最高气温 41.0 ℃。

表 1.3　2010—2020 年 6 月 20 日—7 月 5 日主城区高温过程与持续时间

日期	过程最高气温/℃	持续时间/d
2010 年 6 月 20 日	35.7	1
2011 年 6 月 20 日	35.4	1
2014 年 6 月 28 日	36.7	1
2014 年 6 月 30 日	35.4	1
2018 年 7 月 4 日	35.5	1

续表

日期	过程最高气温/℃	持续时间/d
2019年6月20日	35.7	1
2020年6月30日	35.0	1
2011年7月3—4日	35.3	2
2015年6月25—26日	38.1	2
2017年6月26—27日	35.2	2
2017年6月30日—7月1日	35.9	2
2018年6月20—21日	36.9	2
2018年6月23—24日	36.2	2
2019年7月3—4日	38.1	2
2012年7月1—3日	37.1	3
2019年6月22—24日	37.0	3
2010年7月2—5日	41.0	4
2013年7月2—5日	38.6	4
2018年6月27—30日	39.6	4

北京地区的高温预报主要关注点是低空暖气团强度，850 hPa 的暖气团 $T_{850}>20$ ℃。高温天气一般有3种天气背景形势：西北气流＋暖气团型、高压脊＋暖气团型、短波槽＋暖气团型。从高空形势来看，出现高温天气时，500 hPa 绝大部分处在高压脊前部的西北气流中，少量个例 500 hPa 气流呈平直偏西气流。地面形势大致可分为4种：热低压、暖高压、锋面过境和弱气压场型。

此外，副热带高压与北京高温存在密切联系，特别是盛夏至初秋，北京地区出现的闷热型高温一般与副热带高压直接相关。东亚副热带高压盘踞在华北地区上空，北京以闷热少雨天气为主，相对湿度偏大，人体感觉憋闷，俗称“桑拿天”。

对主城区 39 d 高温天气进行分析发现，有 24 d 为单纯的高温天气，有 15 d 为高温天气同时伴随其他天气，包括分散性阵雨(5 d)和强对流天气(10 d)，强对流主要以短时大风为主；降水量整体不大，多为西部、北部地区的分散性降水，有3次为全市性降水过程。根据高低空不同形势配置和探空分析，分别归纳出高温晴热天气概念模型和高温对流天气概念模型。

1.2.3.1 高温晴热概念模型

(1)北京地区高温晴热的天气系统配置主要有以下3种。

第1种为冷涡后部西北气流型(图1.10a)，这种类型北京处于 500 hPa 东北冷涡后部的西北气流中，冷涡主体距离北京较远。700 hPa 处于涡后脊前西北气流中，相对湿度＜50%。850 hPa 同样处于涡后西北偏北气流中，且受温度≥20 ℃的暖气团控制。500 hPa 以下均为偏北风影响，有利于下沉增温。

第2种为高空暖脊型(图1.10b)，这种类型北京处于 500 hPa 高压脊控制中，高压脊呈经向型。700 hPa 同样处于高压脊控制中，相对湿度＜50%。850 hPa 处于温度≥20 ℃的暖脊区控制中。强盛的暖气团控制下，有下沉气流，有利于升温。

第3种为平直高空暖脊型(图1.10c)，与第2种相比，北京仍然处于三层高压脊控制中，只是高压脊相对较为平直,呈纬向型。这类暖高压稳定少动,有利于气温的升高。

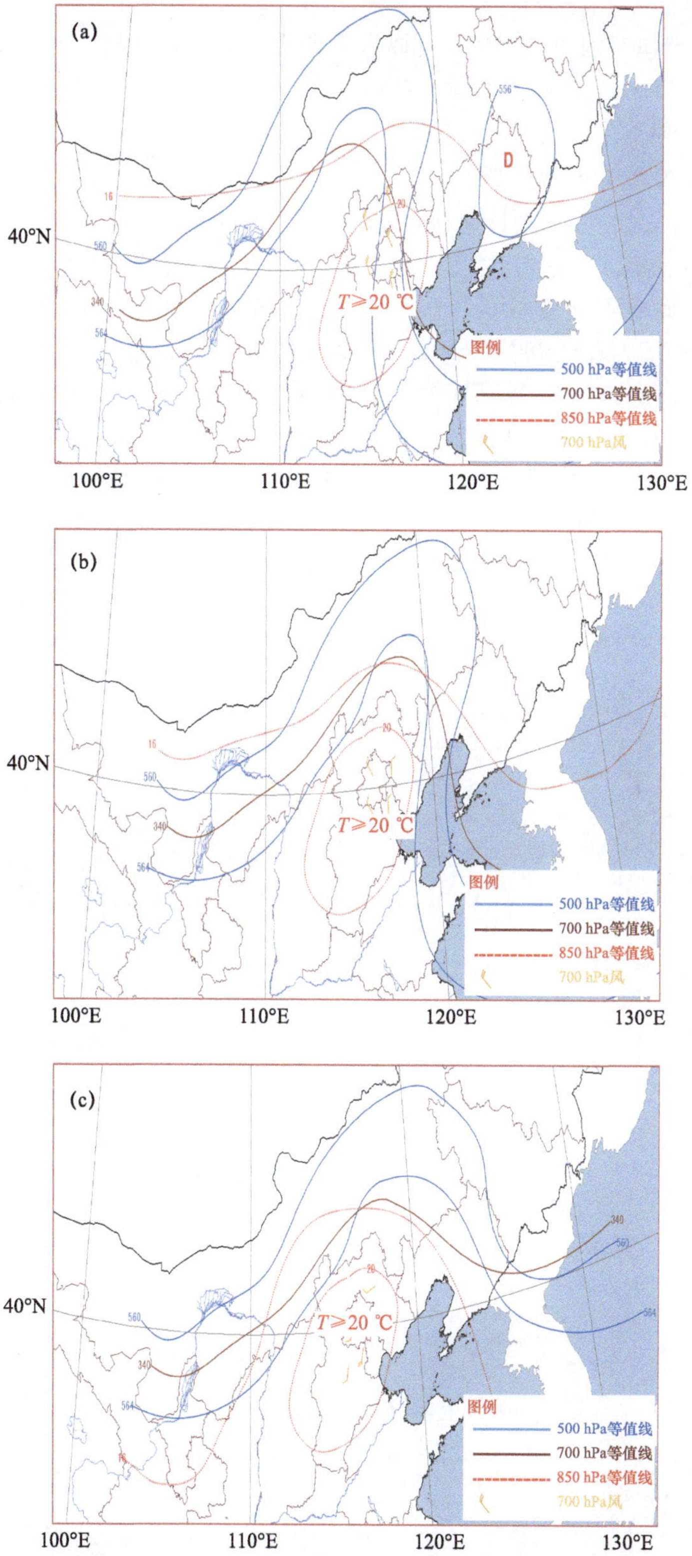

图 1.10　冷涡后部西北气流型(a)、高空暖脊型(b)、平直高空暖脊型(c)高温晴热天气概念模型

(2)通过分析高温晴热天气的探空图(图 1.11)，可以总结出该类天气探空具有的共性为以下 3 点。

1)500 hPa 至地面或者 850 hPa 至地面为偏北风下沉气流，有利于下沉增温。

2)整层都非常的干燥，基本没有云的影响。

3)垂直风切变弱。

1.2.3.2　高温对流天气概念模型

(1)通过归纳总结，发现北京地区高温对流的天气系统配置主要有以下 3 种。

第 1 种为东北冷涡底后部型(图 1.12a)，这种类型北京处于 500 hPa 东北冷涡底后部的西北气流中，冷涡主体距离北京较近。700 hPa 处于涡后西北气流中，上游有湿度区影响。850 hPa同样处于涡后西北气流中，处于温度≥20 ℃的暖气团控制中。500 hPa 以下均为偏北风影响，有利于下沉增温。但 500 hPa 受冷空气影响，850 hPa 处于暖区，形成"上冷下暖"的不稳定层结，为对流发生提供有利条件。

第 2 种为高空槽后部型(图 1.12b)，这种类型北京处于 500 hPa 高空槽后的西北气流中。700 hPa 有弱的短波槽过境，湿度在 50%～60%。850 hPa 处于温度≥20 ℃的暖脊控制中，风场为偏南风。

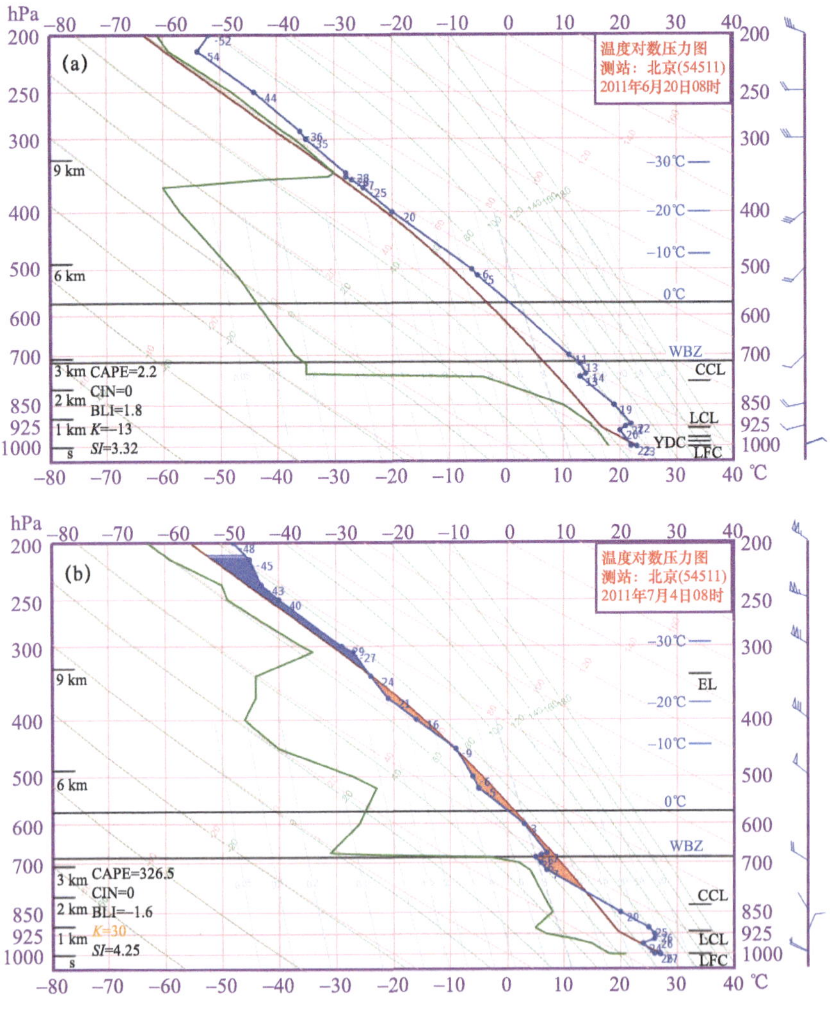

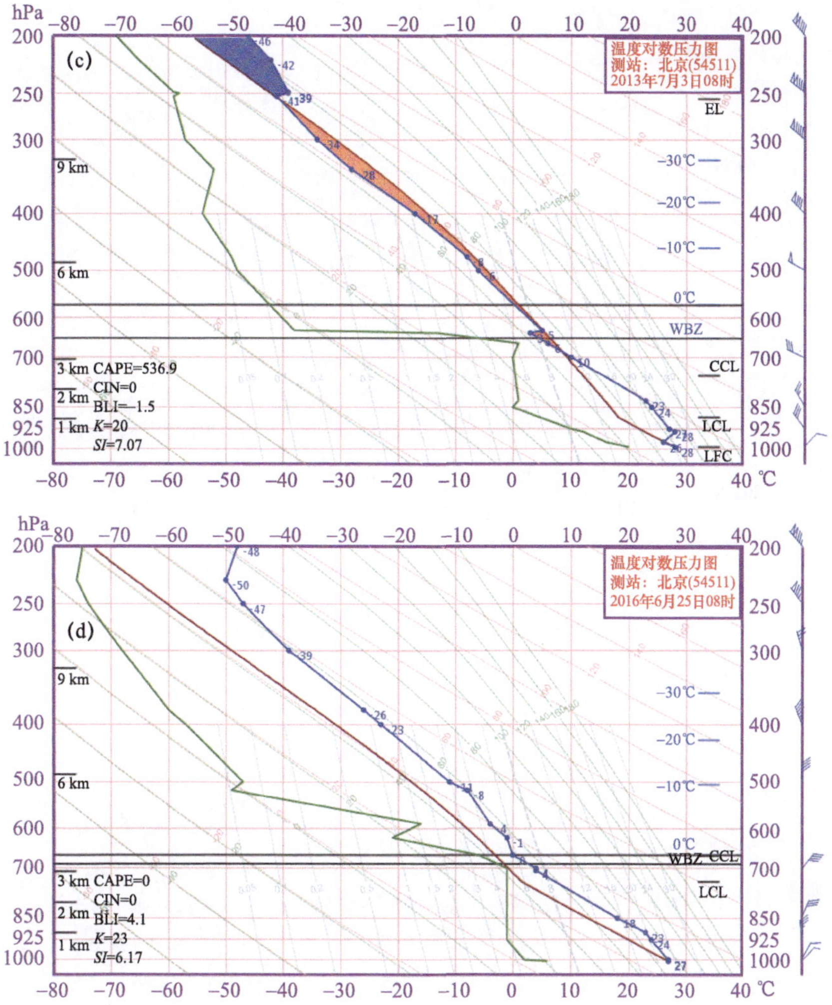

图 1.11　高温晴热天气探空

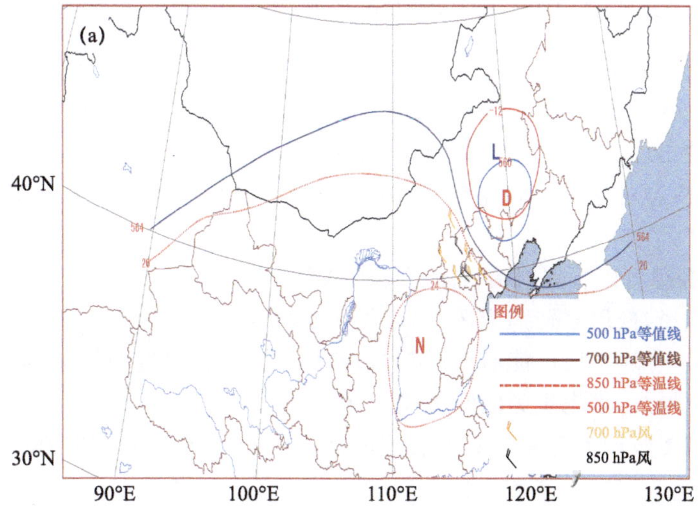

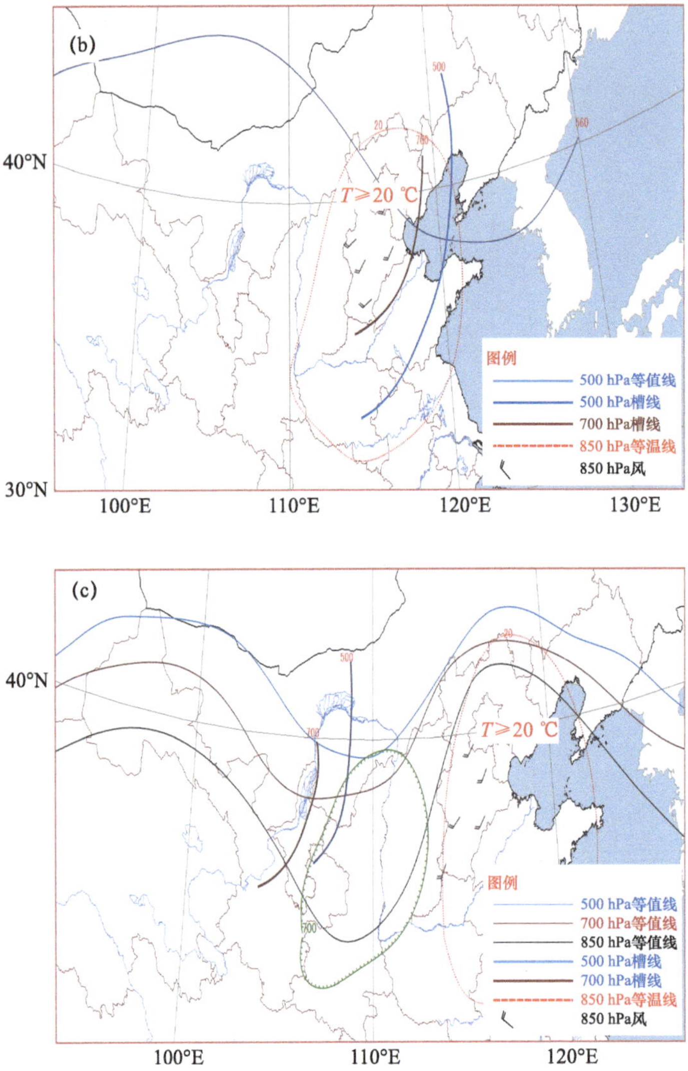

图 1.12　东北冷涡底后部型(a)、高空槽后部型(b)、短波槽前型(c)高温对流天气概念模型

第 3 种为短波槽前型(图 1.12c)，这种类型北京处于 500 hPa 短波槽前的脊区。700 hPa 处于脊区，湿度在 50%～70%。850 hPa 处于槽前温度≥20 ℃的脊区，风场为偏南风。这种类型有利于高温的出现，但当短波槽影响时，会触发对流。

(2)通过分析高温对流天气的探空图(图 1.13)，可以总结出该类天气探空具有的共性为以下 4 点。

1)08—14 时探空可以看到对流有效位能(CAPE)增大。

2)高层仍为北风，低层多转为南风，垂直风切变增强。

3)整层相对较干燥，中层可能有浅薄湿层，850 hPa 以下温度曲线多为干绝热，有利于增温，同时，一旦对流触发，多表现为短时大风。

4)部分物理量参数转为有利于对流发展的情况，如 CAPE、下沉对流有效位能(DCAPE)变大等。

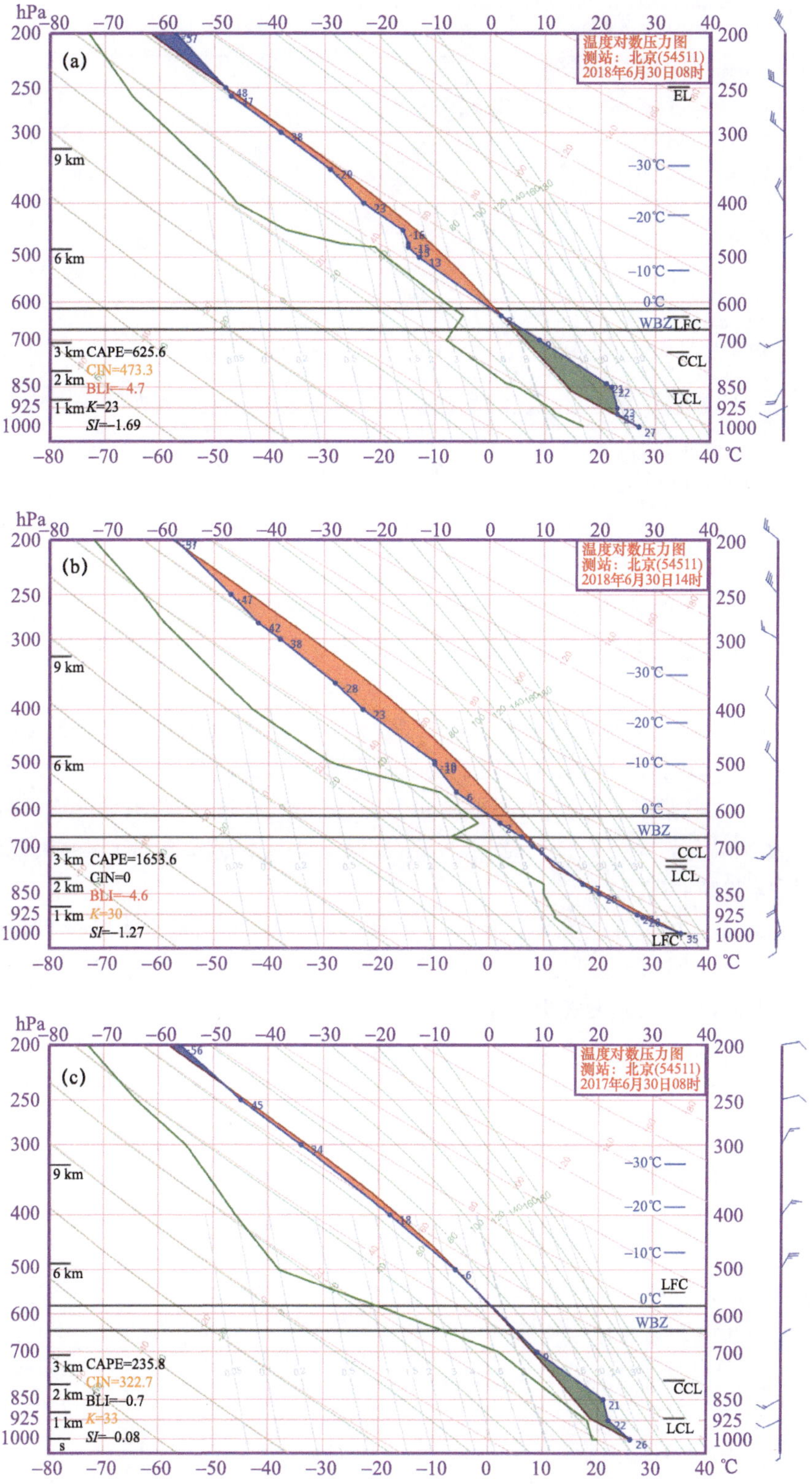
(a)
温度对数压力图
测站：北京(54511)
2018年6月30日08时
EL
WBZ
LFC
CCL
LCL
CAPE=625.6
CIN=473.3
BLI=-4.7
K=23
SI=-1.69
(b)
温度对数压力图
测站：北京(54511)
2018年6月30日14时
WBZ
CCL
LCL
LFC
CAPE=1653.6
CIN=0
BLI=-4.6
K=30
SI=-1.27
(c)
温度对数压力图
测站：北京(54511)
2017年6月30日08时
LFC
WBZ
CCL
LCL
CAPE=235.8
CIN=322.7
BLI=-0.7
K=33
SI=-0.08

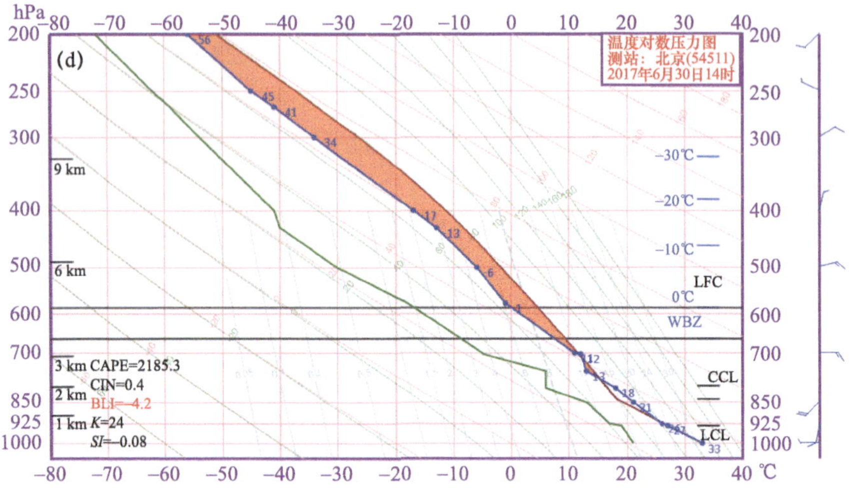

图 1.13　高温对流天气探空

1.2.4　雾

雾是由于近地面空气降温或水汽含量增加而达到饱和，水汽凝结或凝华而形成的。雾天气的最直观表现是低能见度，低能见度影响交通安全、居民日常生活和生态环境。根据 GB/T 27964—2011《雾的预报等级》规定，能见度(V)划分为 5 个等级，1000 m$\leqslant V<$10000 m 为轻雾，500 m$\leqslant V<$1000 m 为大雾，200 m$\leqslant V<$500 m 为浓雾，50 m$\leqslant V<$200 m 为强浓雾，$V<$50 m 为特强浓雾。影响雾中能见度的因子主要是雾滴的浓度和大小。

雾的分类如下：根据形成过程的不同，雾可分为辐射雾、平流雾、混合雾 3 类；按物态分，有水雾、冰雾和水冰混合雾 3 类，它们分别由水滴、冰晶和水滴伴冰晶组成；雾的天气学分类法，将雾分成气团雾和锋面雾 2 类。

通过统计 2010—2020 年北京城区的大雾过程（表 1.4），发现夏季大雾过程较少，且多发生在局地，共有 10 d 的最低能见度<1 km。出现 3 站及以上大雾天气的过程为 2 个，2 站大雾天气的过程为 4 个，1 站大雾天气为 4 个。

表 1.4　2010—2020 年 6 月 20 日—7 月 5 日北京城区 5 站大雾过程统计

	观象台	朝阳	海淀	丰台	石景山
2013 年 6 月 26 日	有	无	无	无	无
2014 年 7 月 2 日	无	有	无	无	无
2014 年 7 月 3 日	无	有	无	无	无
2015 年 6 月 26 日	有	有	有	无	无
2016 年 6 月 28 日	无	无	有	有	无
2016 年 6 月 29 日	有	无	有	无	无
2016 年 7 月 4 日	有	有	有	无	无
2017 年 6 月 22 日	有	无	无	无	无
2020 年 7 月 3 日	无	无	有	无	有
2020 年 7 月 4 日	无	无	有	无	有

1.2.4.1　高空槽后弱下沉＋地面弱气压场型

北京地区大雾天气多发于秋冬季节，因为此时低层多处于稳定层结。夏季近地层温度较高，湍流交换旺盛，因此，大雾天气较少。夏季大雾天气一般出现在降雨后，地面湿润，温度露点差＜1 ℃，北京平原地区水汽饱和，地面处于弱气压场，地面风场弱。低层仍处于大湿度区，温度露点差＜4 ℃，高空槽过境后，有弱的下沉气流，但北风不大，使得水汽在近地层堆积，出现大雾（图 1.14a）。

1.2.4.2　高空反环流＋地面高压后部型

另一种类型是地面处于高压后部，有偏东风，京津温度露点差≤2 ℃，处于饱和状态。低层 700～850 hPa 是反环流，有弱的偏北风，850 hPa 温度露点差≤1 ℃，500 hPa 北京处于北部冷空气槽后和南部低涡顶部的弱气压场区，弱偏北风，这种结果也使得低层为弱的下沉气流，低层至地面水汽含量较高接近饱和，但因为处于下沉气流中，不利于降水的出现，反而更加有利于水汽在近地面的聚集，使得大雾天气出现（图 1.14b）。

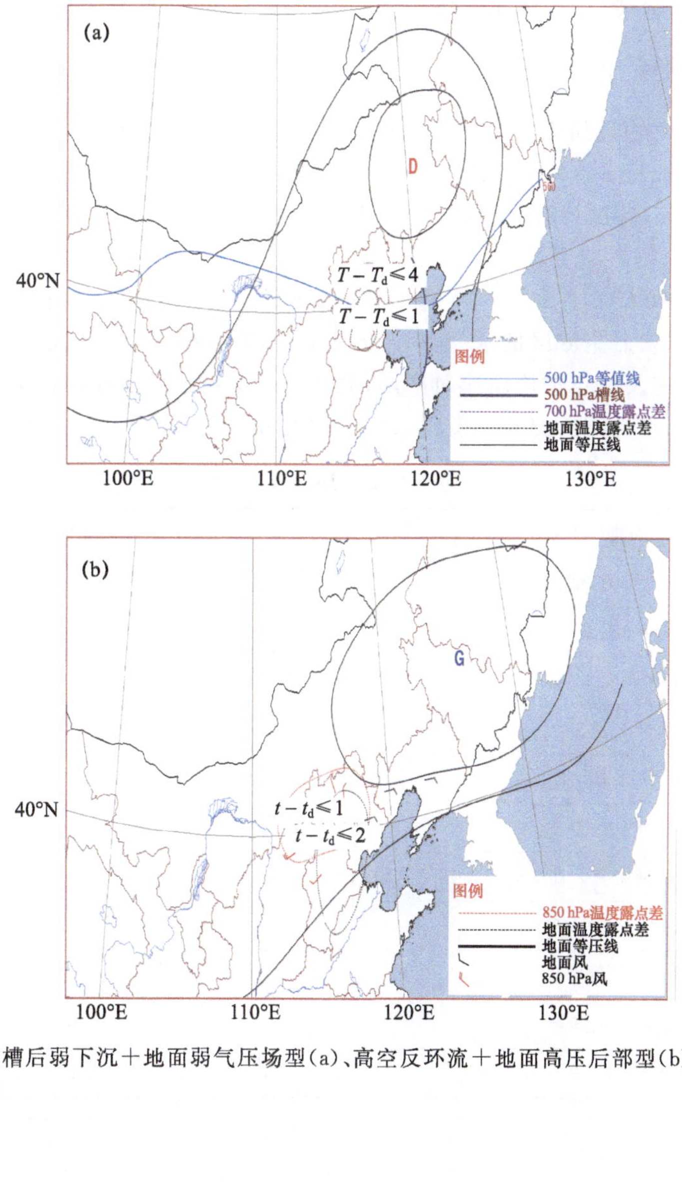

图 1.14　高空槽后弱下沉＋地面弱气压场型（a）、高空反环流＋地面高压后部型（b）大雾概念模型

第2章　边界层风、气温分析

2.1　边界层风分析

为深入了解6月20日—7月5日边界层内风变化规律和特征，本节将基于中国科学院大气物理研究所铁塔观测资料，对不同高度上的风速与地面10 m风速（平均风速和小时极大风速）进行对比，以期了解北京城区垂直方向上风速随高度的变化特征，总结相关预报经验，更有针对性地做好精细化气象服务保障工作。

2.1.1　铁塔资料简介

中国科学院大气物理研究所的铁塔高度为325 m，垂直方向上共有15层，观测高度分别为离地面8 m、15 m、32 m、47 m、65 m、80 m、103 m、120 m、140 m、160 m、180 m、200 m、240 m、280 m、320 m，各层均有风速（南和北2个位置）、风向、温度及相对湿度的观测，观测时间间隔为5 min。

选取2015—2020年6月20日—7月5日的观测数据，进行数据完整性筛选后，共有11次数据完整的过程，并按照主城区的天空状况分成多云、晴和雨3类，见表2.1。分析不同高度上逐小时的极大风速及整点平均风速时序，研究高空风速与地面风速的差异，为高空风速的预报提供参考。另外，经查阅历史实况资料，这11次过程中没有冷空气大风过程的影响。

表2.1　研究选取日期及天空状况分类

日期	类别
2015年6月22日	多云
2015年6月23日	
2015年6月27日	
2015年7月3日	
2015年7月5日	
2016年7月1日	
2015年7月2日	晴
2016年6月23日	
2015年6月26日	雨
2015年6月29日	
2020年6月29日	

2.1.2 不同高度风速分析

由图 2.1～图 2.11 可见，无论天空状况如何，风速在各层都存在明显的日变化，以 8 m 高度上 2 min 平均风速（浅蓝色柱状显示）为例，风速在 13—18 时（北京时，下同）为峰值段，平均风速为 3～4 m/s，其他时段平均风速为 1～3 m/s。

（1）当天空状况以多云为主时（图 2.1～图 2.6），高度 320 m 以下的风速在垂直方向上呈现出先增大后减小的趋势，高度 30～100 m 的风速最大。13—18 时，与高度 8 m 风速差值平均为 2～3 m/s，其他时段为 1～2 m/s。高度 100～300 m 的风速与高度 8 m 风速差别不大。

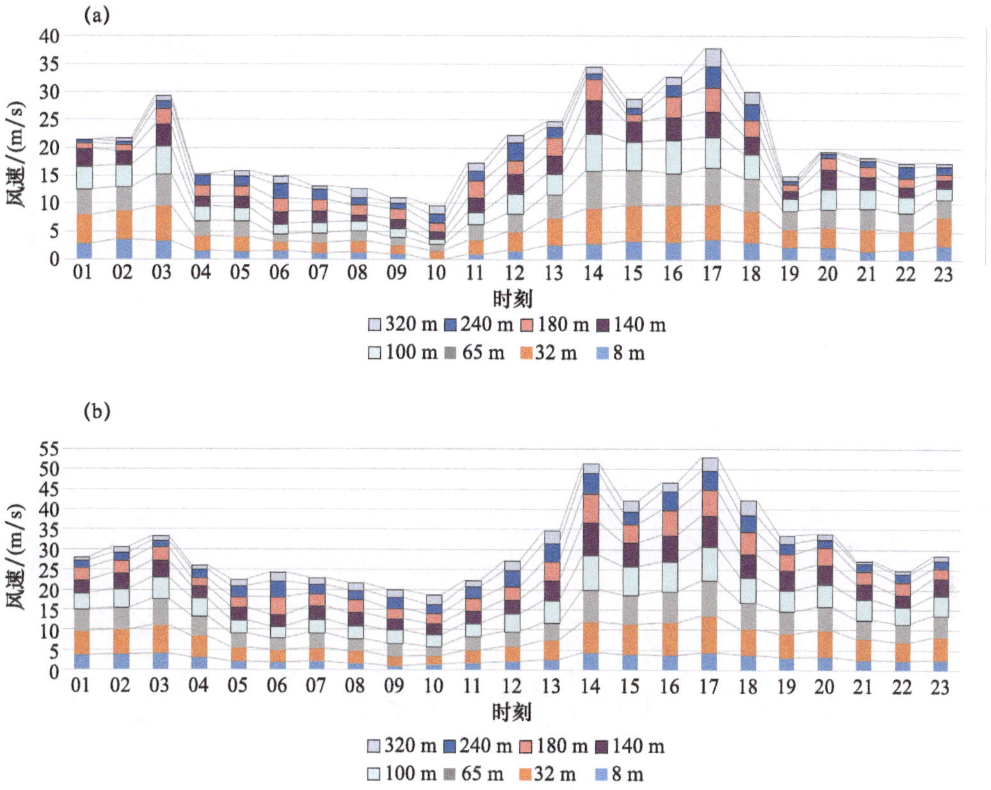

图 2.1　2015 年 6 月 22 日铁塔不同高度平均风速时序图(a)和极大风速时序图(b)

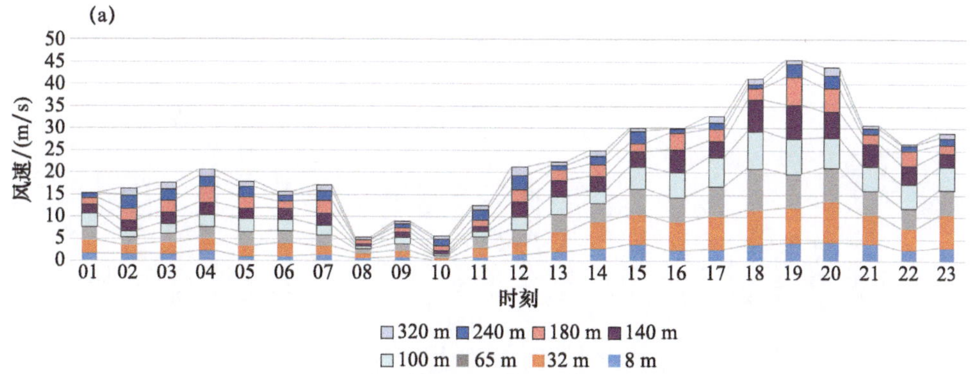

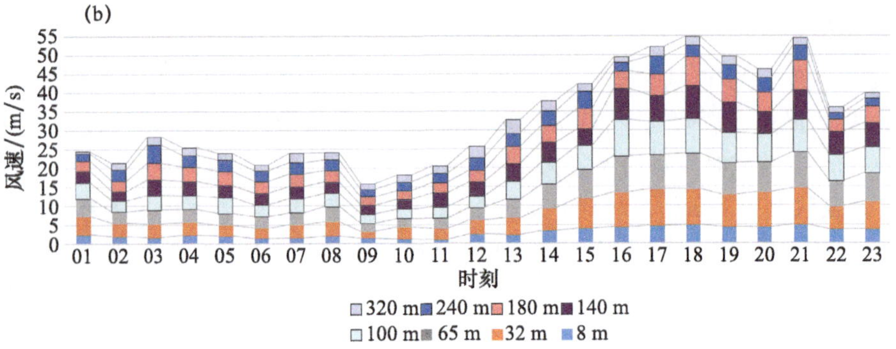

图 2.2　2015 年 6 月 23 日铁塔不同高度平均风速时序图(a)和极大风速时序图(b)

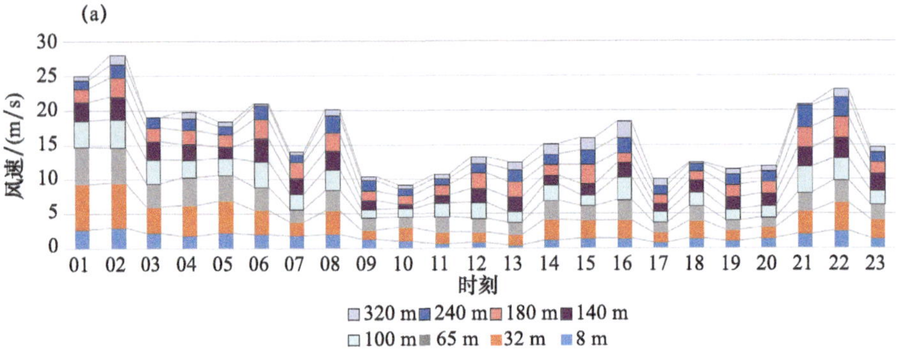

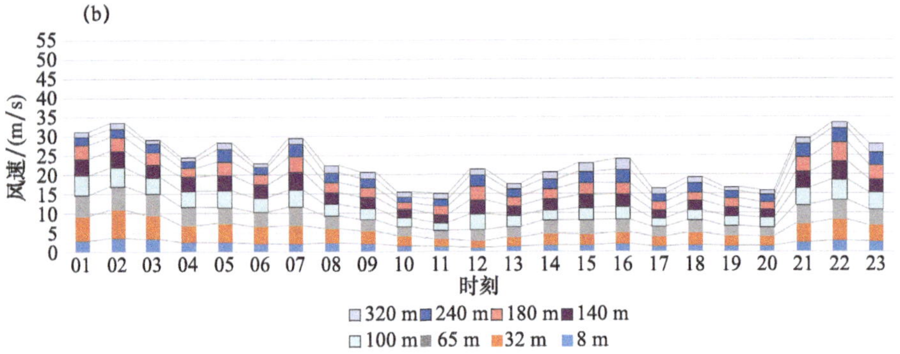

图 2.3　2015 年 6 月 27 日铁塔不同高度平均风速时序图(a)和极大风速时序图(b)

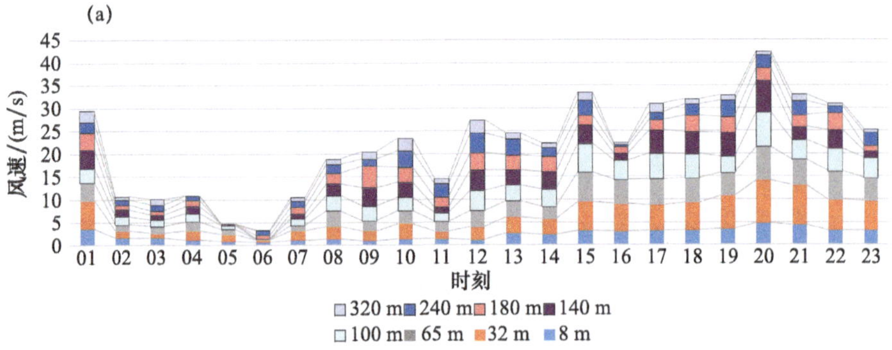

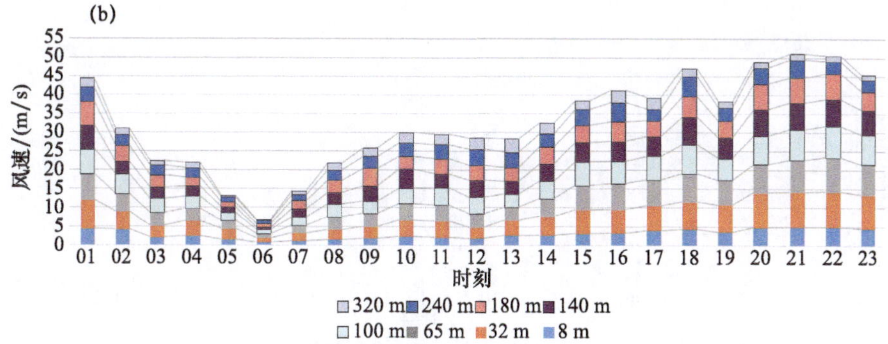

图 2.4　2015 年 7 月 3 日铁塔不同高度平均风速时序图(a)和极大风速时序图(b)

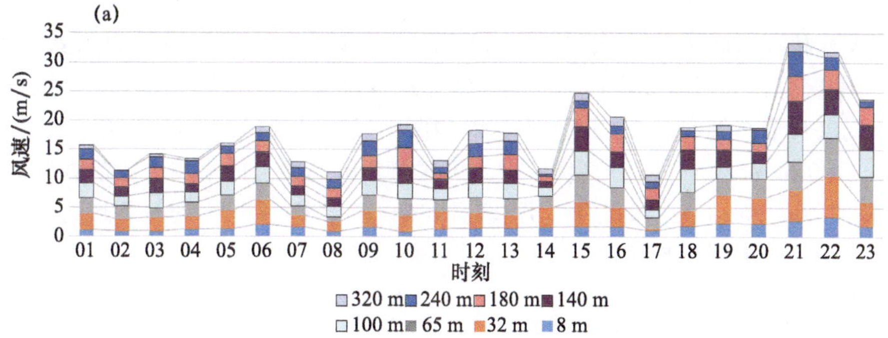

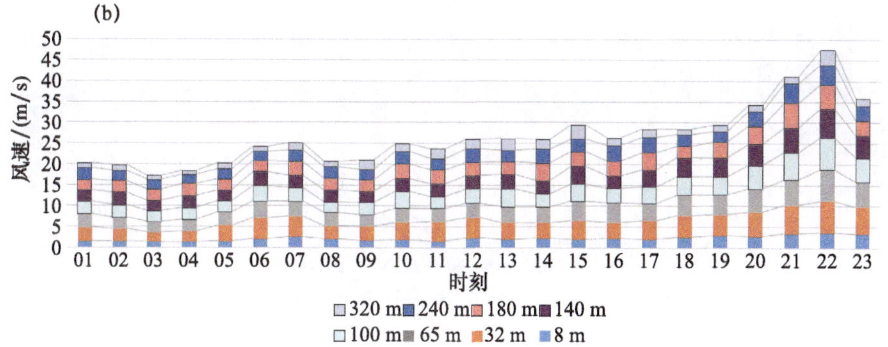

图 2.5　2015 年 7 月 5 日铁塔不同高度平均风速时序图(a)和极大风速时序图(b)

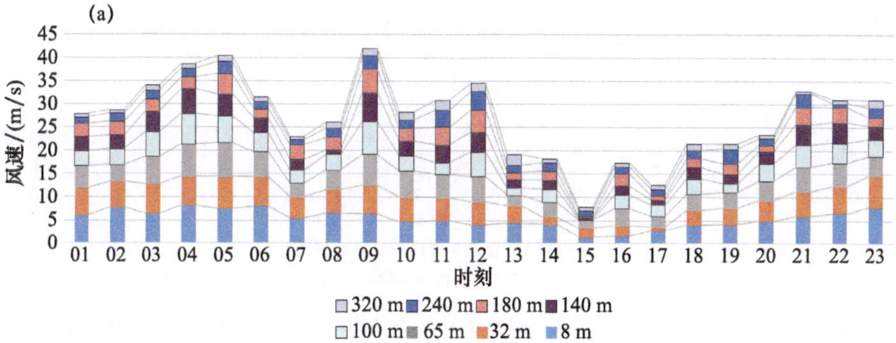

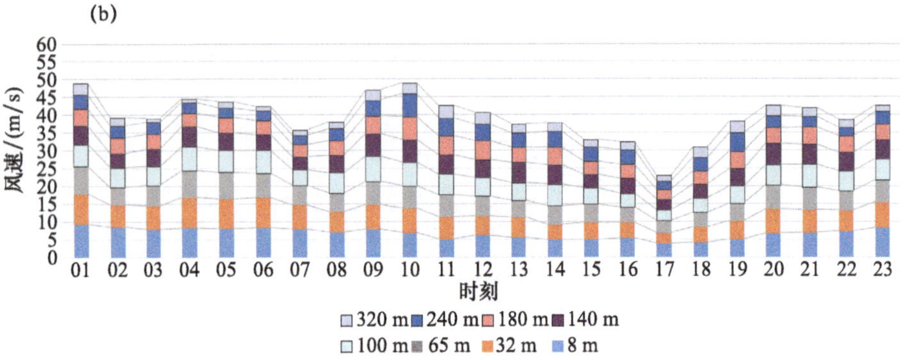

图 2.6　2016 年 7 月 1 日铁塔不同高度平均风速时序图(a)和极大风速时序图(b)

(2)当天空状况以晴为主时(图 2.7～图 2.8)，由于只有 2 个样本，并不代表统计性的规律特征，因此，本部分仅针对这 2 次过程的风速特征进行讨论。2015 年 7 月 2 日，受高压暖脊的控制，北京观象台最高气温为 34.8 ℃，风速时序图中显示平均风速和极大风速最大的层次分别位于 30～100 m 和 30～180 m 高度。平均风速与 8 m 高度上的平均风速差值为 3～4 m/s，极大风速差值为 4～5 m/s。2016 年 6 月 23 日，04—10 时和 17—22 时平均风速最大，极大风速整日都比较明显，无明显规律性。

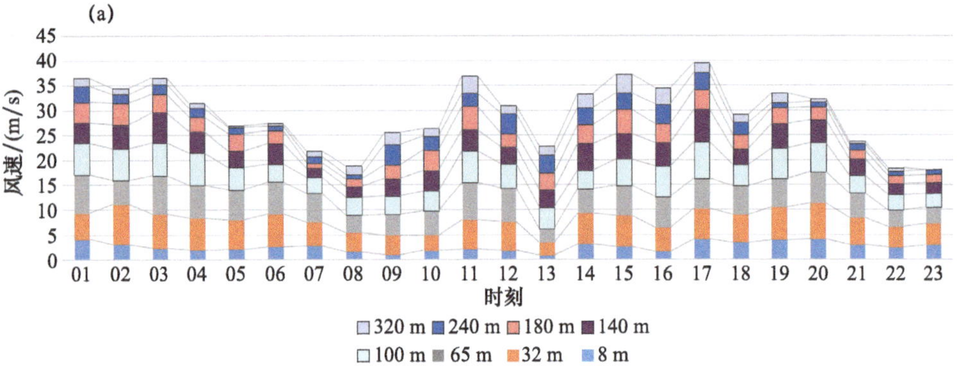

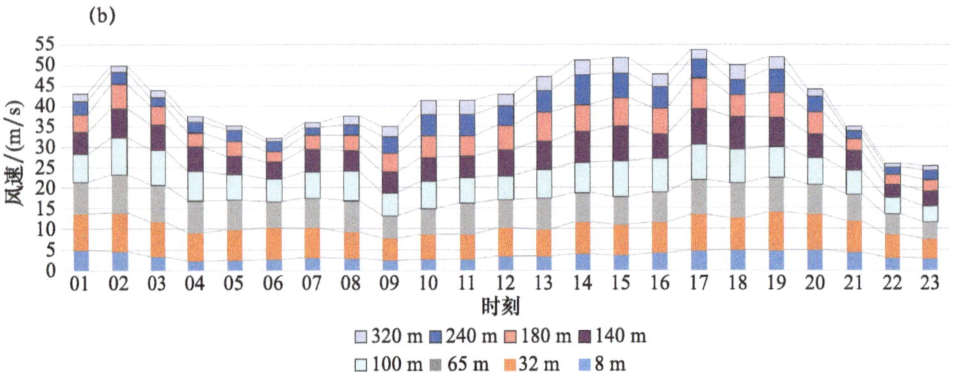

图 2.7　2015 年 7 月 2 日铁塔不同高度平均风速时序图(a)和极大风速时序图(b)

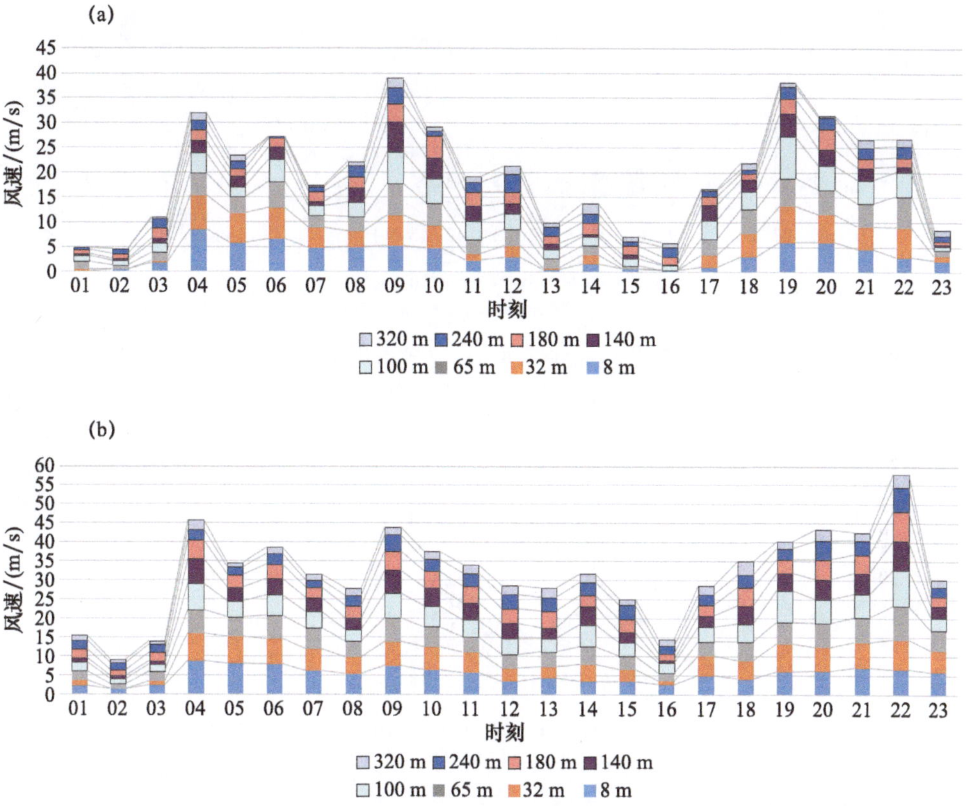

图 2.8　2016 年 6 月 23 日铁塔不同高度平均风速时序图(a)和极大风速时序图(b)

(3)当有降水时(图 2.9～图 2.11),2015 年 6 月 26 日、2015 年 6 月 29 日和 2020 年 6 月 29 日,出现全市雷阵雨天气。其中,2015 年 6 月 26 日 15—21 时、2015 年 6 月 29 日 13—17 时和 2020 年 6 月 29 日 11—15 时出现了雷暴大风天气,由于雷暴大风的随机性和无序性特征,因此,以上 3 个时段不作为研究对象。其他时段内,高度 320 m 以下的边界层内各层风速差别不大,约为 2 m/s。另外,统计时段内,高度 30～70 m 平均风速最明显,但是与天空状况为多云和晴时相比,差别较小,约为 1 m/s。

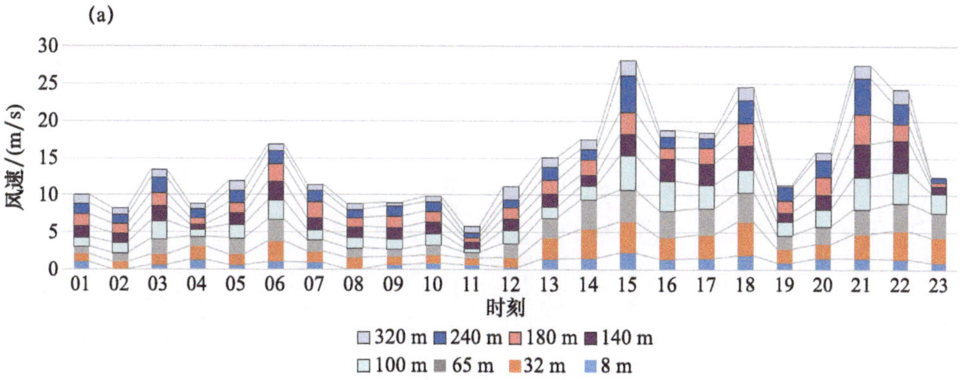

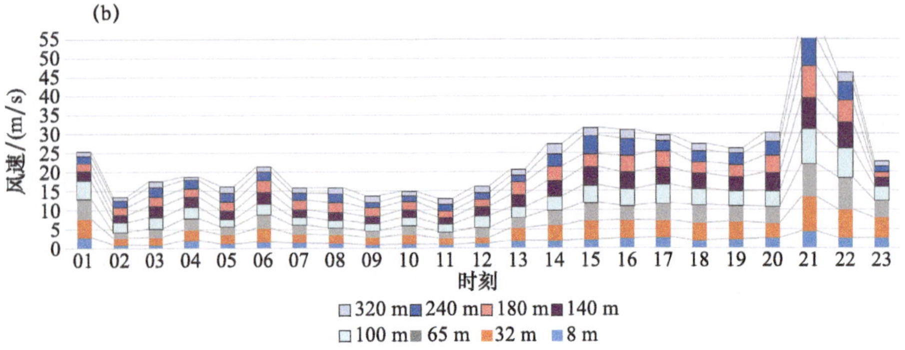

图 2.9　2015 年 6 月 26 日铁塔不同高度平均风速时序图(a)和极大风速时序图(b)

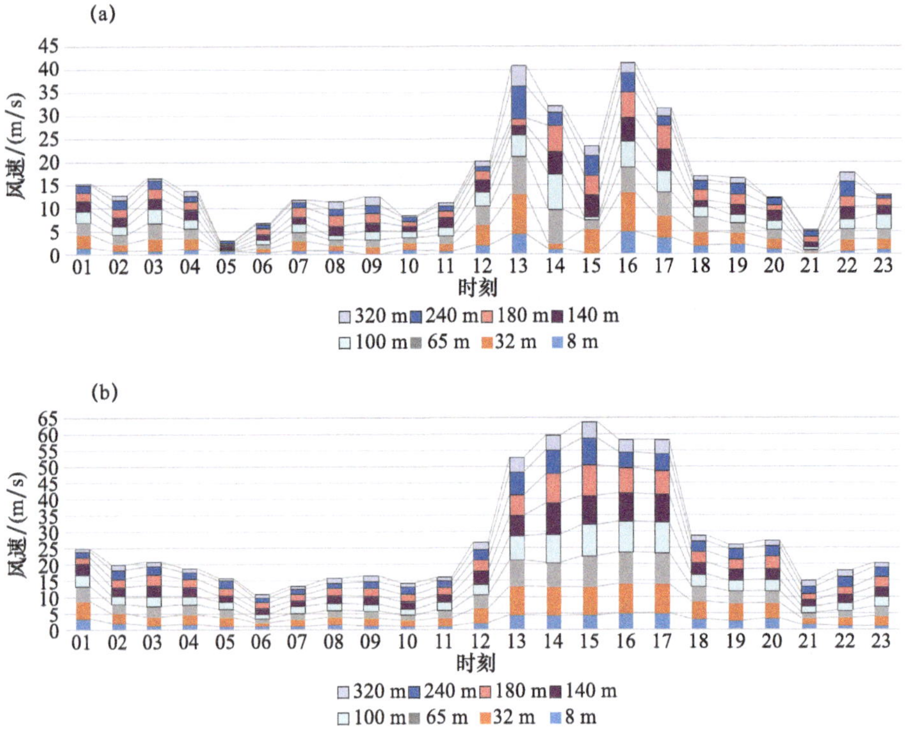

图 2.10　2015 年 6 月 29 日铁塔不同高度平均风速时序图(a)和极大风速时序图(b)

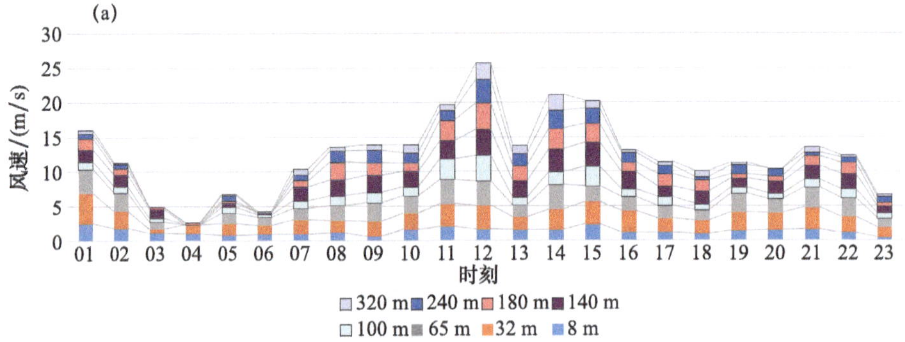

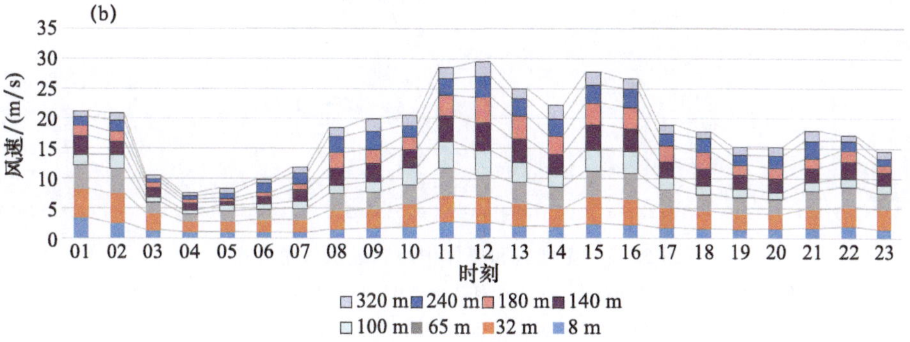

图 2.11　2020 年 6 月 29 日铁塔不同高度平均风速时序图(a)和极大风速时序图(b)

2.1.3　小结

(1)当天空状况以多云为主时,风速在垂直方向上呈现出先增大后减小的趋势,高度 30～100 m 风速最大,与 8 m 高度上风速差值平均为 2～3 m/s,高度 100～300 m 的风速与 8 m 高度上风速差别不大。

(2)当天空状况以晴为主时,由于只有 2 个样本,并无规律性特征。

(3)当有降水时,除有雷暴大风发生的其他时段内,320 m 高度以下的边界层内各层风速差别不大,约为 2 m/s。

2.2　主城区、奥体中心与北京观象台气温对比分析

2.2.1　主城区和奥体中心日最高、最低气温概况

2015—2020 年 6 月 20 日—7 月 5 日,主城区和奥体中心(鸟巢)的日最高气温的极端最高值分别为 39.3 ℃和 41.3 ℃,日最高气温的极端最低值分别为 21.1 ℃和 20.9 ℃(图 2.12);主城区和奥体中心的日最低气温的极端最高值分别为 28.1 ℃和 27.3 ℃,日最低气温的极端最低值分别为 18.2 ℃和 17.6 ℃(图 2.13)。虽然受降雨和云量等要素影响,主城区和奥体中心最高、最低气温的变化幅度较大,但是大多数情况下,晴晒、闷热等高温天气需要重点关注。其中,主城区和奥体中心日最高气温达到或超过 30 ℃的日数分别占比 76.0%和 81.3%,日最低气温在 21～25 ℃的日数分别占比为 59.4%和 62.5%。

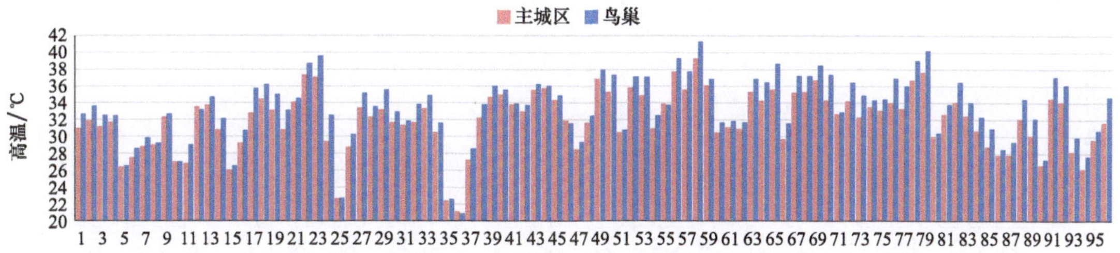

图 2.12　主城区和奥体中心日最高气温分布

(横轴从左至右为时间先后顺序,即:第 1～16 个样本为 2015 年 6 月 20 日—7 月 5 日,第 17～32 个样本为 2016 年 6 月 20 日—7 月 5 日,以此类推)

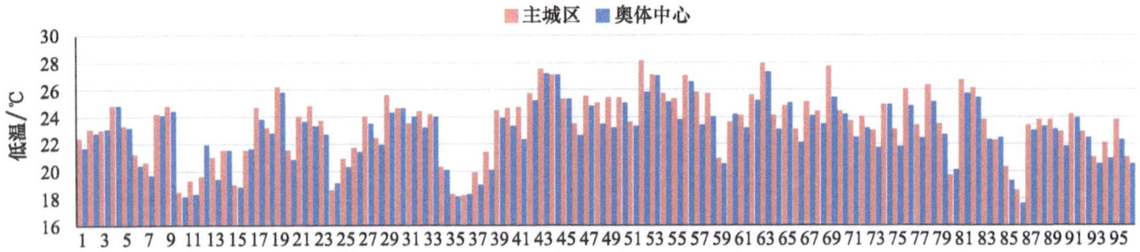

图 2.13　主城区和奥体中心日最低气温分布

（横轴从左至右为时间先后顺序，即：第 1～16 个样本为 2015 年 6 月 20 日—7 月 5 日，第 17～32 个样本为 2016 年 6 月 20 日—7 月 5 日，以此类推）

2.2.2　不同天空状况下主城区、奥体中心与北京观象台日最高、最低气温差异

(1)日最高气温：图 2.14～图 2.16 给出了不同天空状况下主城区、奥体中心和北京观象台日最高气温的温差时序。无论是在哪种天空状况下，奥体中心与北京观象台的偏差明显大于主城区与北京观象台的偏差。其中，晴空天气下（图 2.14），奥体中心比北京观象台偏高2 ℃左右，主城区比北京观象台偏高 0～1 ℃。相较于晴空条件，多云和阴/雨时二者与北京观象台的偏差更小，但是温差波动幅度却更大，因此，逐小时气温的预报难度也明显增加。具体来看，多云时（图 2.15），56.5％天数奥体中心比北京观象台偏高 1～2 ℃，另有 34.8％天数偏差在±1 ℃，其中，云量对高温影响的不确定性以 2019 年最为突出；主城区与北京观象台高温偏差集中在±1 ℃。阴/雨天气时（图 2.16），云量对高温影响的不确定性显著增大，奥体中心相对于北京观象台仍然以偏高为主（占比 83.0％），偏高 0～2 ℃占比 56.7％；主城区相对北京观象台的偏差主要在±1 ℃（占比 90.6％）。

(2)日最低气温：相对于日最高气温，奥体中心、主城区与北京观象台日最低气温偏差的不确定性大，同样也受到天空状况的显著影响。晴空条件下（图 2.17），奥体中心日最低气温与北京观象台相比以偏高为主，偏差约±1.5 ℃（占比 80.0％）；主城区日最低气温较北京观象台偏高 2 ℃左右。随着云量增多，奥体中心、主城区与北京观象台的日最低气温差异呈减小趋势。多云天气时（图 2.18），82.6％的情况下，奥体中心较北京观象台日最低气温偏高 0～1 ℃；主城区较北京观象台偏高 0.5～1.5 ℃。阴/雨天气时（图 2.19），77.4％的情况下，奥体中心与北京观象台日最低气温偏差基本持平，偏高或偏低的天数基本对半，偏差约±1 ℃；主城区与北京观象台日最低气温偏差仍然以偏高为主，偏高约±1 ℃（占比 67.9％）。

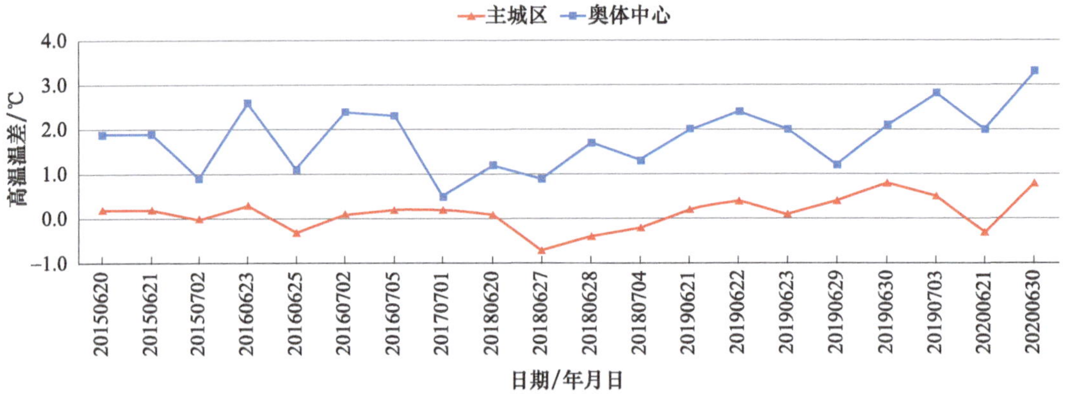

图 2.14　晴空时奥体中心、主城区与北京观象台高温偏差

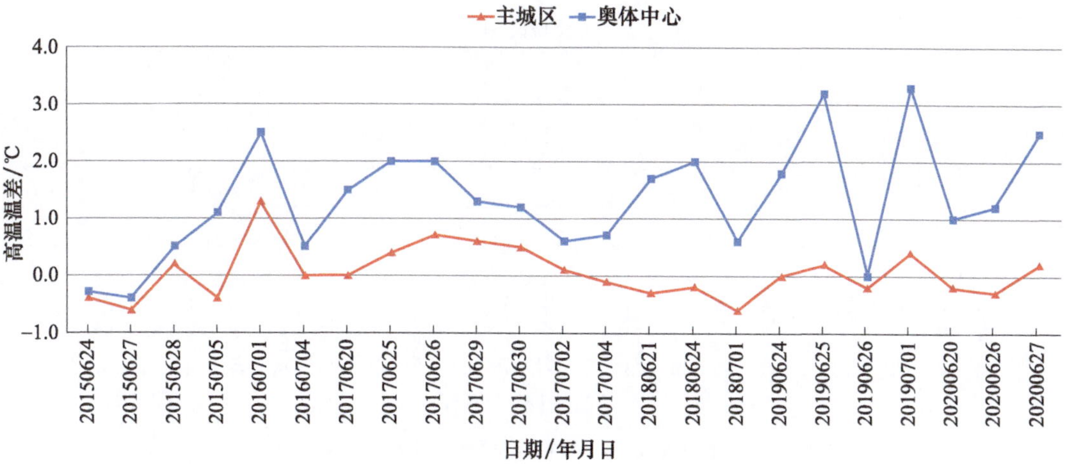

图 2.15　多云天气时奥体中心、主城区与北京观象台高温偏差

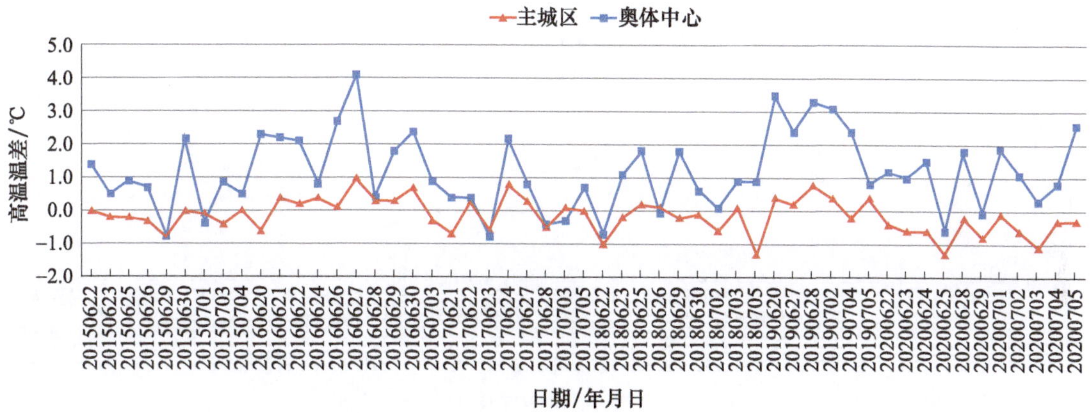

图 2.16　阴/雨天气时奥体中心、主城区与北京观象台高温偏差

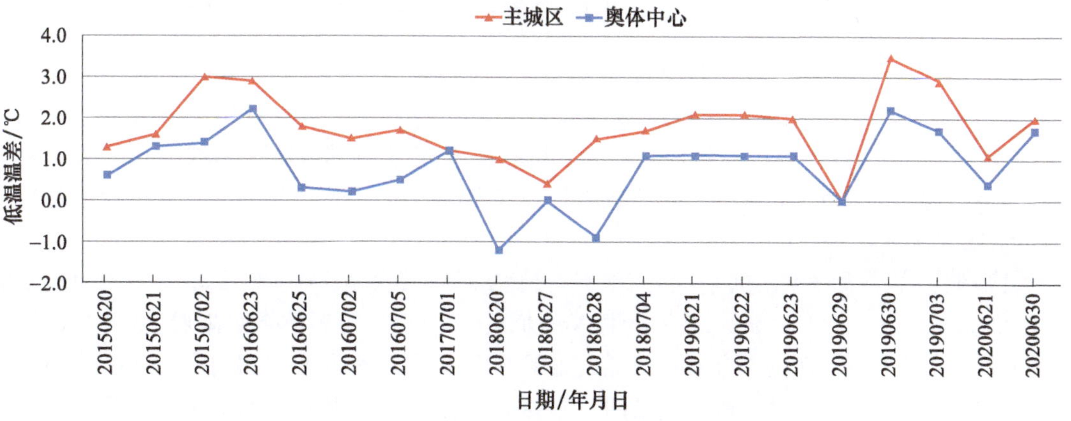

图 2.17　晴空时奥体中心、主城区与北京观象台低温偏差

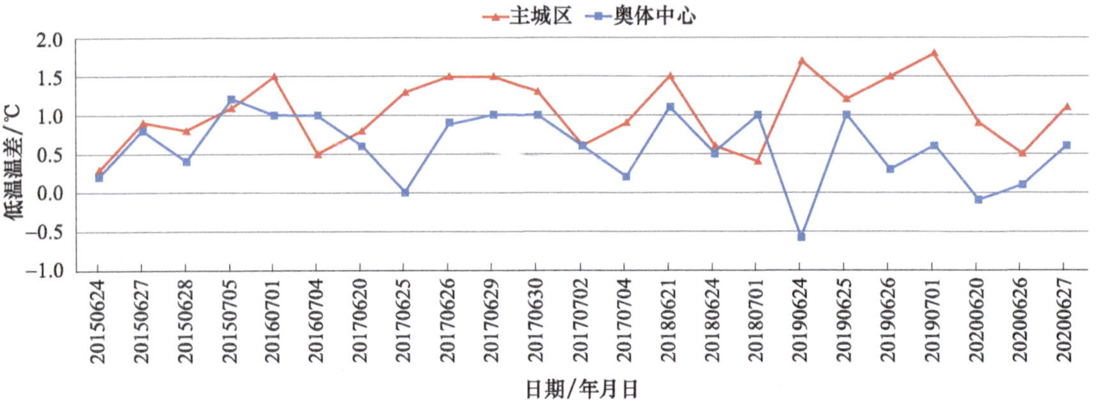

图 2.18　多云天气时奥体中心、主城区与北京观象台低温偏差

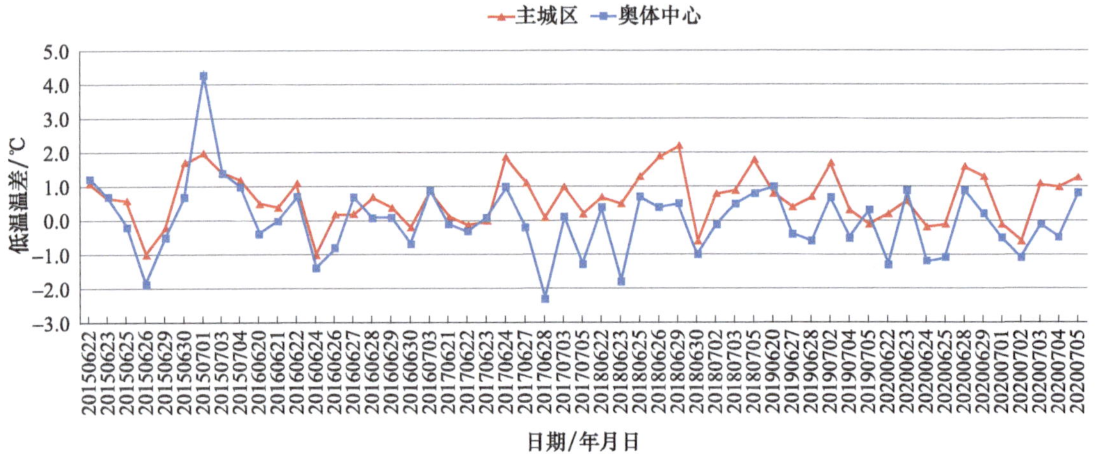

图 2.19　阴/雨天气时奥体中心、主城区与北京观象台低温偏差

2.2.3　不同气温区间奥体中心与北京观象台日最高、最低气温差异

6 月 20 日—7 月 5 日，北京观象台日最高气温最大概率区间是 32～35 ℃（数字的阈值为左包含右不包含，下同），占比 32%；其次是 30～32 ℃，占比 25%；≥35 ℃的高温天气占比达 18%（图 2.20）。从整体趋势来看，随着气温升高，尤其超过 30 ℃以后，主城区与北京观象台的日最高气温偏差加大，奥体中心的偏高趋势尤其突出，其日最高气温比北京观象台偏高超过 2 ℃；主城区偏高 0～1 ℃。

日最低气温最大概率区间是 22～24 ℃，占比 38%；其次是 24～26 ℃和 20～22 ℃，分别占比 22%和 21%，≤20 ℃和>26 ℃的概率较低（图 2.21）。从整体趋势来看，随着日最低气温的升高，主城区与北京观象台的日最低气温偏差变化不大，但是当日最低气温≤20 ℃时，偏差的不确定性增大，晴空时日最低气温的偏差为 3 ℃左右，阴/雨天气下日最低气温基本与北京观象台持平。

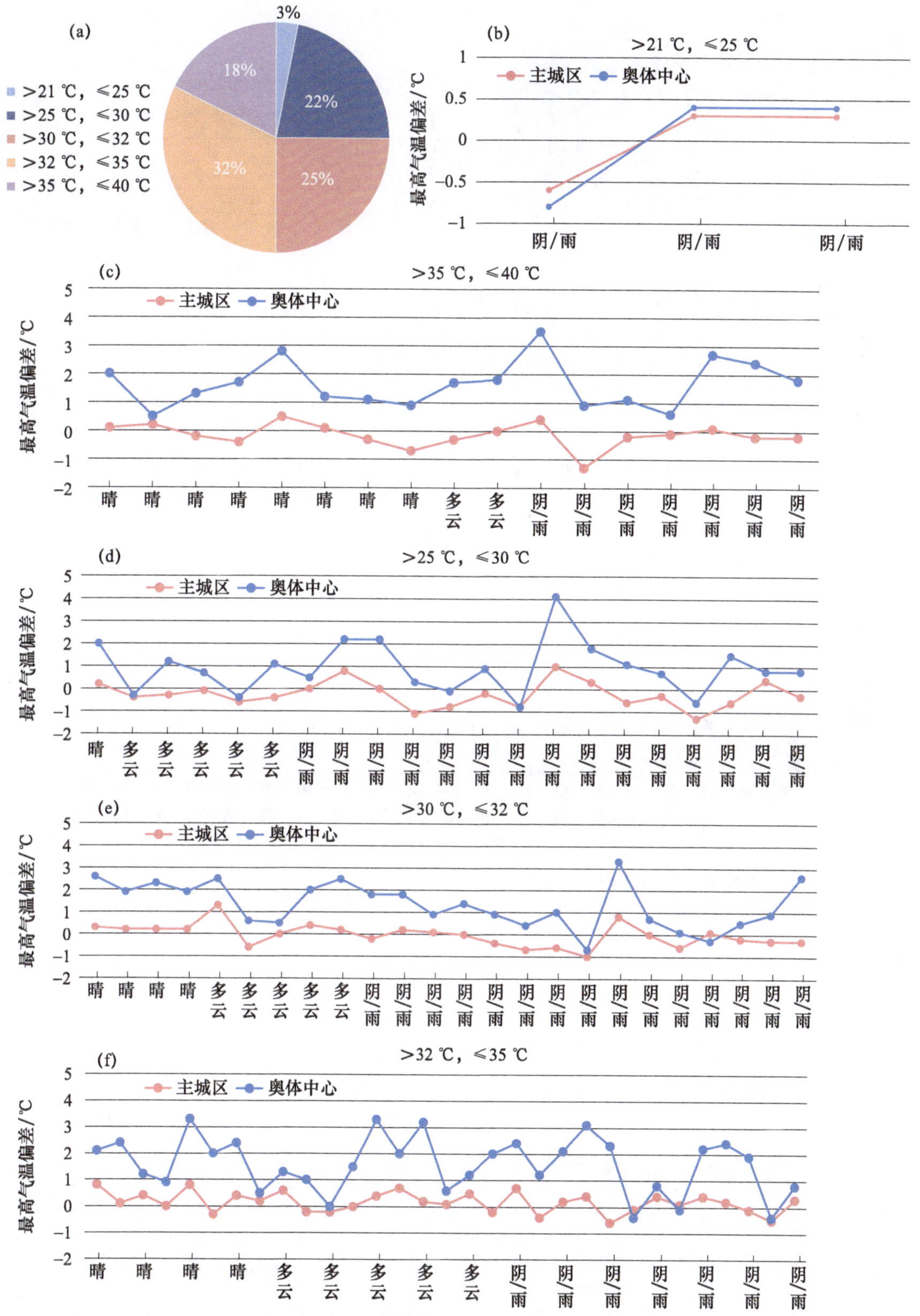

图 2.20　不同气温区间下奥体中心、主城区与北京观象台的逐日最高气温偏差(时间同图 2.14)

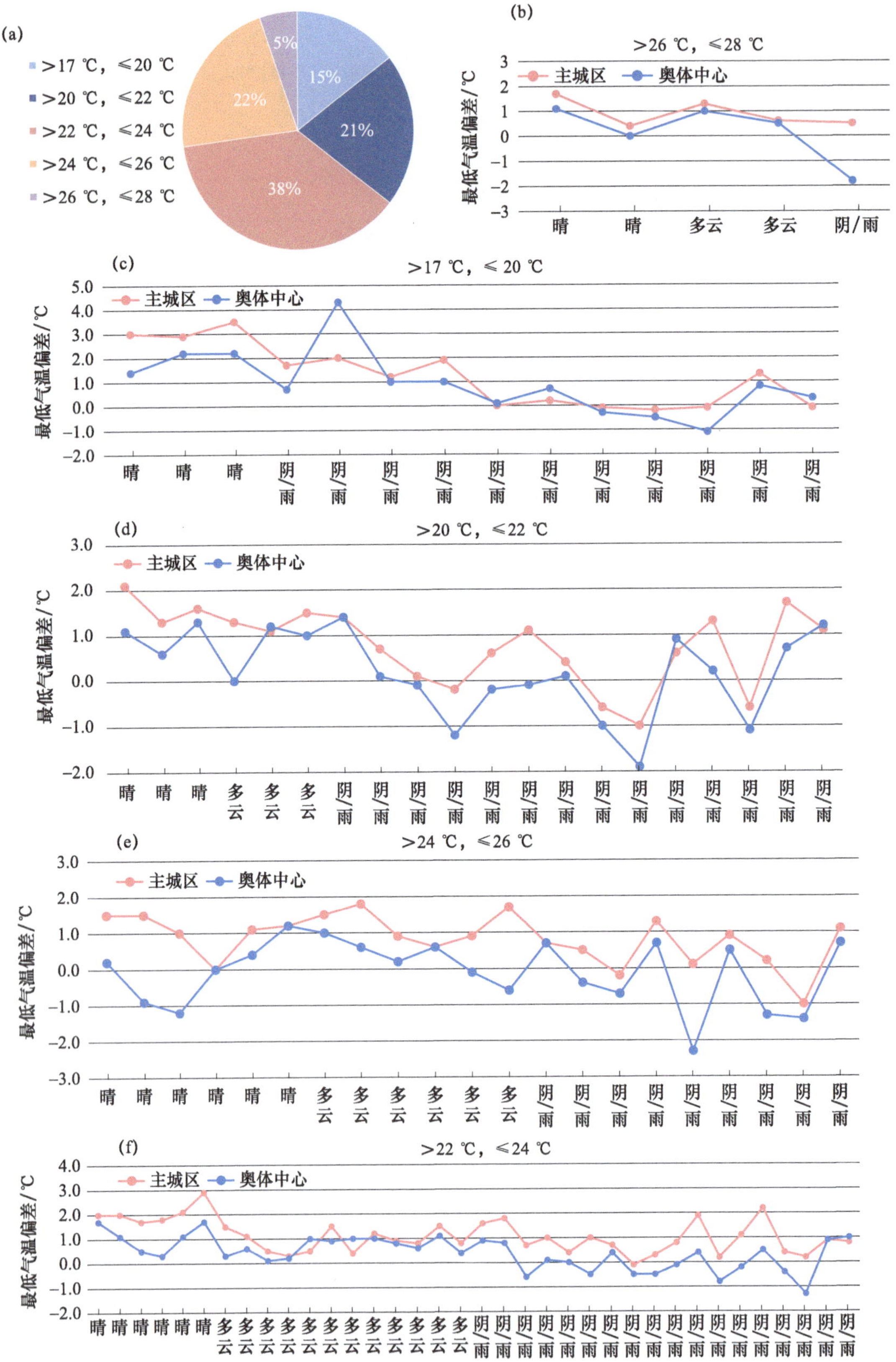

图 2.21　不同气温区间下奥体中心、主城区与北京观象台的逐日最低气温偏差（时间同图 2.14）

2.2.4　小结

(1)2015—2020年6月20—7月5日，日极端最高气温主城区为39.3 ℃，奥体中心为41.3 ℃。其中，达到或超过30 ℃的天数主城区占比76.0%，奥体中心占比81.3%，因此，该时段晴晒、闷热等高温天气是关注重点。

(2)随着日最高气温的升高，奥体中心、主城区与北京观象台的日最高气温偏差加大。奥体中心偏高趋势尤其突出，偏差超过2 ℃；主城区较北京观象台日最高气温偏高0～1 ℃。因此，当北京观象台日最高气温预报接近33 ℃时，奥体中心出现高温天气的可能性非常大。

(3)天空状况对日最高气温的影响。奥体中心与北京观象台的日最高气温偏差明显大于主城区与北京观象台的日最高气温偏差。晴空时，奥体中心一般比北京观象台偏高2 ℃左右，主城区一般比北京观象台偏高0～1 ℃。多云时，奥体中心大部分时间(占比56.5%)偏高1～2 ℃，另有部分时间(占比34.8%)偏差在±1 ℃；主城区较北京观象台偏差±1 ℃。对于阴/雨天气来说，云量对高温影响的不确定性显著增大，奥体中心较北京观象台仍以偏高为主，偏高0～2 ℃占比56.7%；主城区与北京观象台的偏差主要在±1 ℃。

(4)天空状况对日最低气温的影响。晴空时，奥体中心较北京观象台日最低气温偏差约±1.5 ℃；主城区较北京观象台日最低气温偏高2 ℃左右。随着云量增多，奥体中心与北京观象台的日最低气温偏差呈减小趋势。多云时，奥体中心较北京观象台日最低气温偏高0～1 ℃；主城区较北京观象台日最低气温偏高0.5～1.5 ℃居多。阴/雨天气时，奥体中心较北京观象台日最低气温偏差相对较小，一般在±1 ℃。

第 3 章　高影响天气典型个例

3.1　典型个例

3.1.1　暴雨

2011—2020 年 6 月 20—7 月 5 日，北京城区出现大雨及以上量级降雨的过程共 16 次(17 d)，概率为 9.7%，实况见表 3.1。主要影响系统可分为西风带低槽(8 例)、低涡(8 例、9 d)，其中，6 d 无强对流，但是 6 月 20—7 月 5 日出现对流的可能性较大。

表 3.1　2011—2020 年 6 月 20—7 月 5 日大雨及以上量级降水过程及影响系统

过程时间	各层影响系统 1 为高空槽、2 为东北冷涡、3 为蒙古低涡、4 为华北低涡、5 为副高、6 为切变线			高影响天气	
	500 hPa	700 hPa	850 hPa	降水级别 (Y 为暴雨，N 为大雨)	强对流
2011 年 6 月 23 日	1	6	6	Y	短时强降水、大风
2011 年 6 月 29 日	1	6	6	N	缺观测记录
2011 年 7 月 1 日	1	6	6	N	短时强降水
2014 年 7 月 1 日	1	6	6	N	雷电、短时强降水、大风
2015 年 6 月 25 日	1	6	6	Y	雷电、短时强降水
2015 年 6 月 26 日	1	6	—	N	雷电、短时强降水、冰雹、大风
2017 年 6 月 22 日	4	4	4	Y	雷电、短时强降水
2017 年 7 月 3 日	1	1	1	Y	雷电、短时强降水
2017 年 7 月 4 日	1	1	1	Y	雷电、短时强降水
2017 年 7 月 5 日	1	1	1	Y	雷电、短时强降水、大风
2018 年 6 月 30 日	1	6	6	N	雷电、大风、短时强降水、冰雹
2020 年 6 月 24 日	3,1	3,6	3,6	N	雷电、短时强降水、冰雹、大风
2012 年 6 月 24 日	3	3	6	Y	缺观测记录
2013 年 7 月 1 日	2	2	2	Y	雷电、短时强降水
2017 年 6 月 22 日	4	4	4	Y	短时强降水、大风
2017 年 6 月 28 日	4	4	4	N	雷电、短时强降水、冰雹、大风
2020 年 6 月 24 日	3,1	3,6	3,6	N	雷电、短时强降水、冰雹、大风
2020 年 7 月 2 日	4	4	6	Y	雷电、短时强降水

3.1.1.1　2017 年 6 月 21—23 日华北冷涡暴雨过程

2017 年 6 月 21—23 日，受华北冷涡影响，北京地区出现了暴雨天气，全市(371 站)平均雨量 92.0 mm，城区(81 站)平均 113.9 mm；全市 15 个区的 140 站雨量达到或超过 100 mm，最大雨量出现在怀柔九渡河站，为 199.7 mm。西部和北部山前一带出现大暴雨(图 3.1a)。全市平均逐 3 h 降水量的时序变化可见(图 3.1b)，22 日 08 时前后，降水比较平缓，降水强度 2～3 mm/h；强降水主要出现在 22 日 17—20 时、23 日 05—08 时，这 2 个时段雨量 33.1 mm。

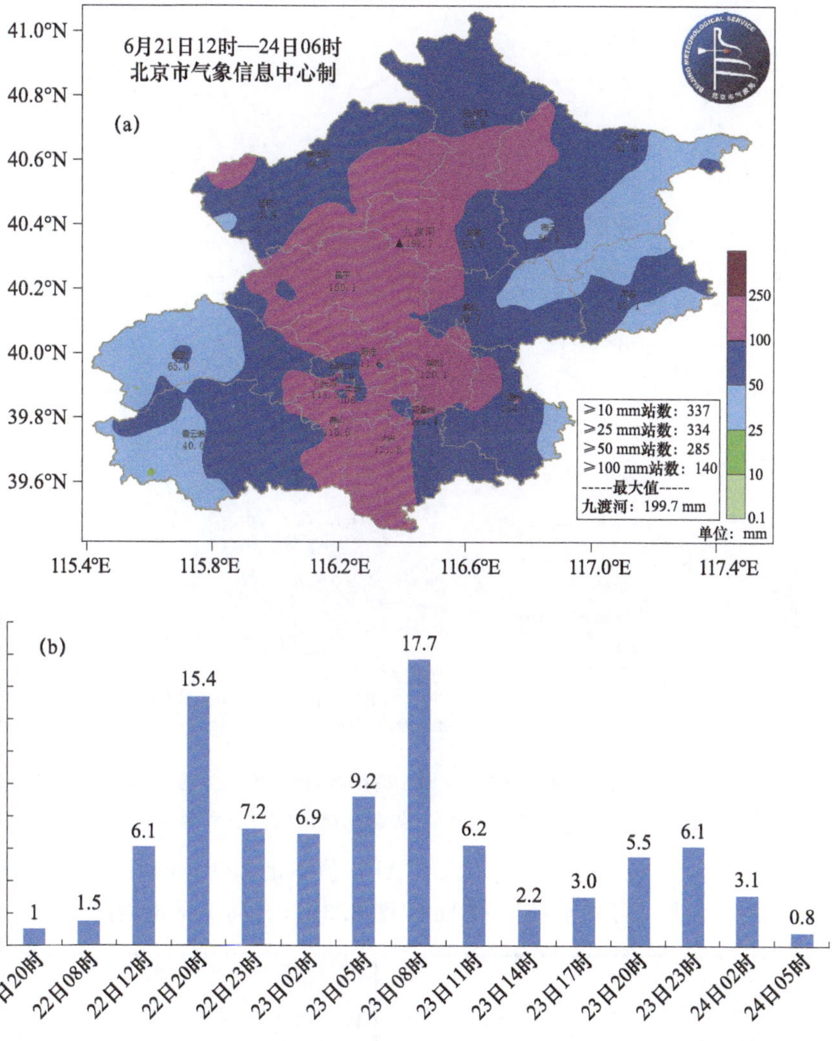

图 3.1　2017 年 6 月 21—24 日降水总量(a)、21—24 日全市平均逐 3 h 降水量(b)

2017 年 6 月 21 日，欧亚中高纬度地区维持两槽一脊形势，冷涡低槽位于东北地区，贝加尔湖上游为阻塞形势，东北冷涡后部横槽引导冷空气南下。21 日 08 时，在横槽西侧形成闭合的气旋式环流；22 日 14 时，冷涡位于中蒙交界处，并逐渐向东南方向移动，影响华北地区(图 3.2a)。华北地区位于 200 hPa 副热带西风急流出口区左侧，高空辐散抽吸作用有利于上升运动的发展。冷涡东南象限 850 hPa 有暖式切变，但无明显低空急流(图略)，且冷涡底部有高空槽下滑，导致 22 日白天北京的对流性降水(符娇兰 等，2019)。

由图 3.2a 可见，6 月 22 日 14 时，冷中心与低涡环流中心基本重合，冷涡后部无明显冷平流（图略）。经冷涡中心剖面显示（图 3.2b），6 月 22 日 14 时纬向高度场矩平（阴影）显示，冷涡范围内整层都是负矩平，且矩平中心近乎垂直；水平风场上显示为气旋性环流；温度场显示冷涡中心上空 700 hPa 以上冷心结构，表现出准正压结构，这也是对流不强的原因之一。

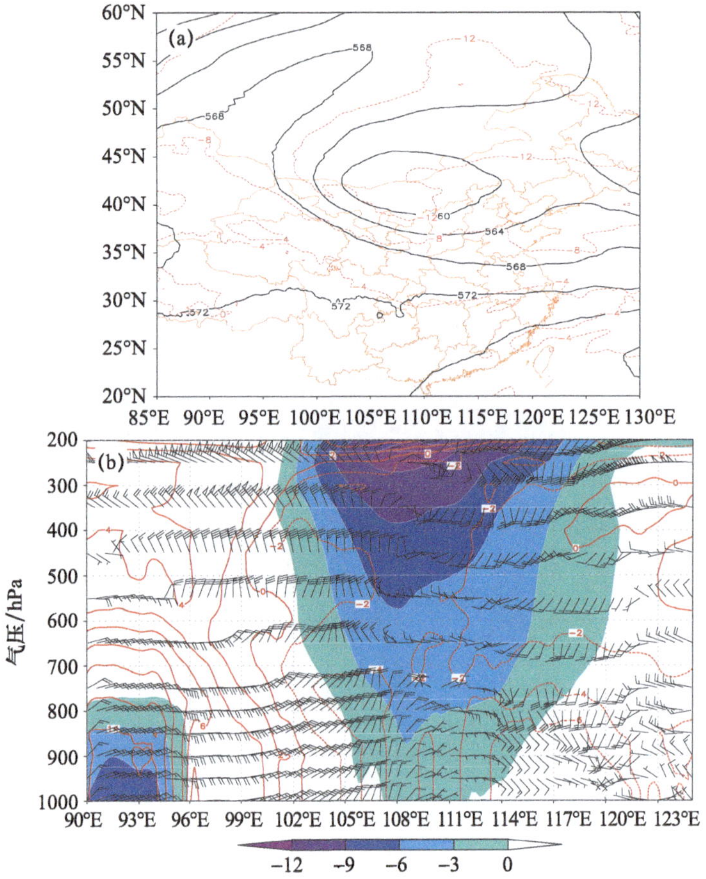

图 3.2　2017 年 6 月 22 日 14 时 500 hPa 高度场（黑色实线）、温度场（红色虚线）(a)，沿低涡中心的纬向高度矩平（阴影）、温度（红线）和风场剖面(b)

6 月 22 日 17 时，北京不稳定能量不大，CAPE 值不足 200 J/kg（图 3.3a），降水比较平稳，但是北京城区的整层大气可降水量为 45 mm（图 3.3b），有利于出现强降水。

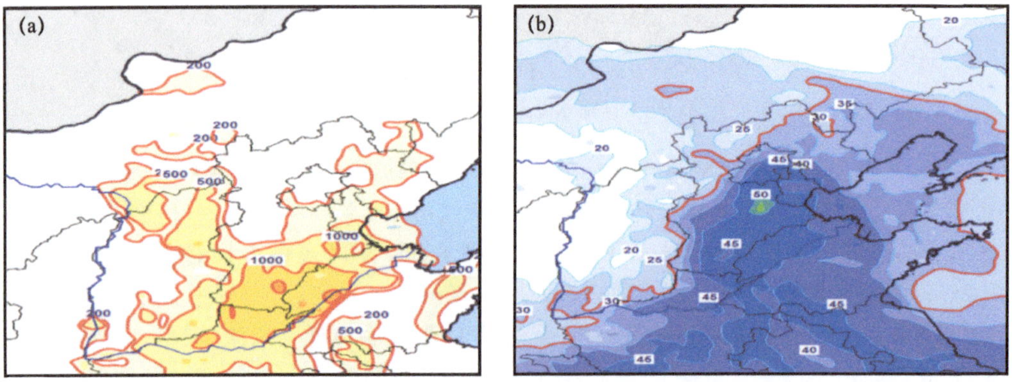

图 3.3　2017 年 6 月 22 日 17 时 CAPE(a)、大气可降水量(b)

3.1.1.2　2017 年 7 月 5—6 日暴雨过程

2017 年 7 月 5—6 日，受低涡低槽影响，北京出现了暴雨到大暴雨过程(图 3.4a)。全市平均降水量 69.9 mm，256 站超 50 mm，67 站超 100 mm；累积降水量最大出现在密云云蒙山，雨量为 187.9 mm。最大小时雨强出现在密云云蒙山，6 日 14—15 时降雨 74.0 mm。强降水主要出现在 6 日白天(图 3.4b)，雨强≥20 mm/h 的站次数超过 10 站，主要时间 13—16 时。

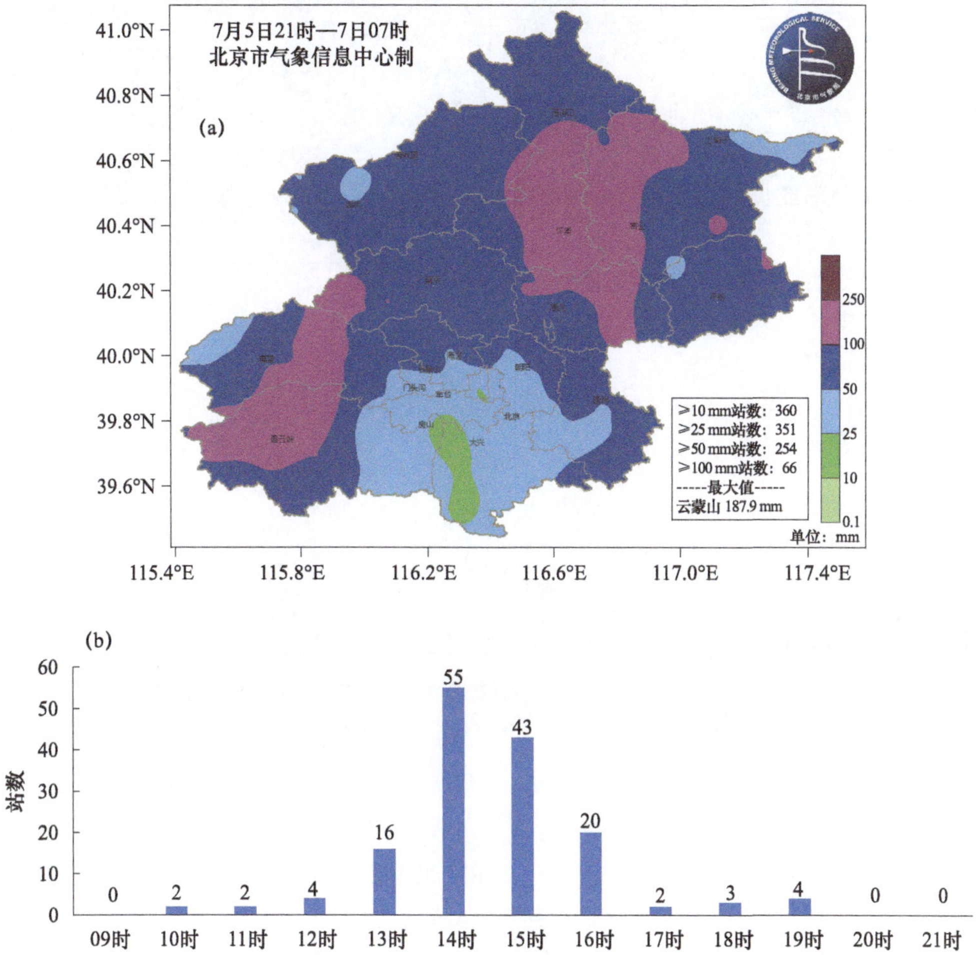

图 3.4　2017 年 7 月 5 日 21 时—7 日 07 时降水总量(a)、6 日短时强降水站次数时序(b)

7 月 5 日，欧亚中高纬度地区受一槽一脊控制，阻塞高压位于中蒙交界处，贝加尔湖以西为高空槽；随着系统东移发展，在高空槽底部形成切断低涡，受下游阻塞高压影响，低涡低槽逐渐向东北方向移动，与低涡配合的低槽为东北—西南向。与此同时，在降水出现之前，副高略西伸北抬，与大陆高压同位相叠加形成“东阻型”，有利于暖湿空气从中低纬度向华北地区输送(图 3.5a)，达到了低空急流强度，对应卫星云图为斜压叶状云系(图 3.5b)，前部有明显的对流发展。从 200 hPa 风场可以看出，华北位于高空槽前辐散区内。

本地能量大，CAPE 值较大(图 3.5c)、地面露点温度较高(图 3.5d)，受冷涡低槽动力强迫触发，产生强降水。

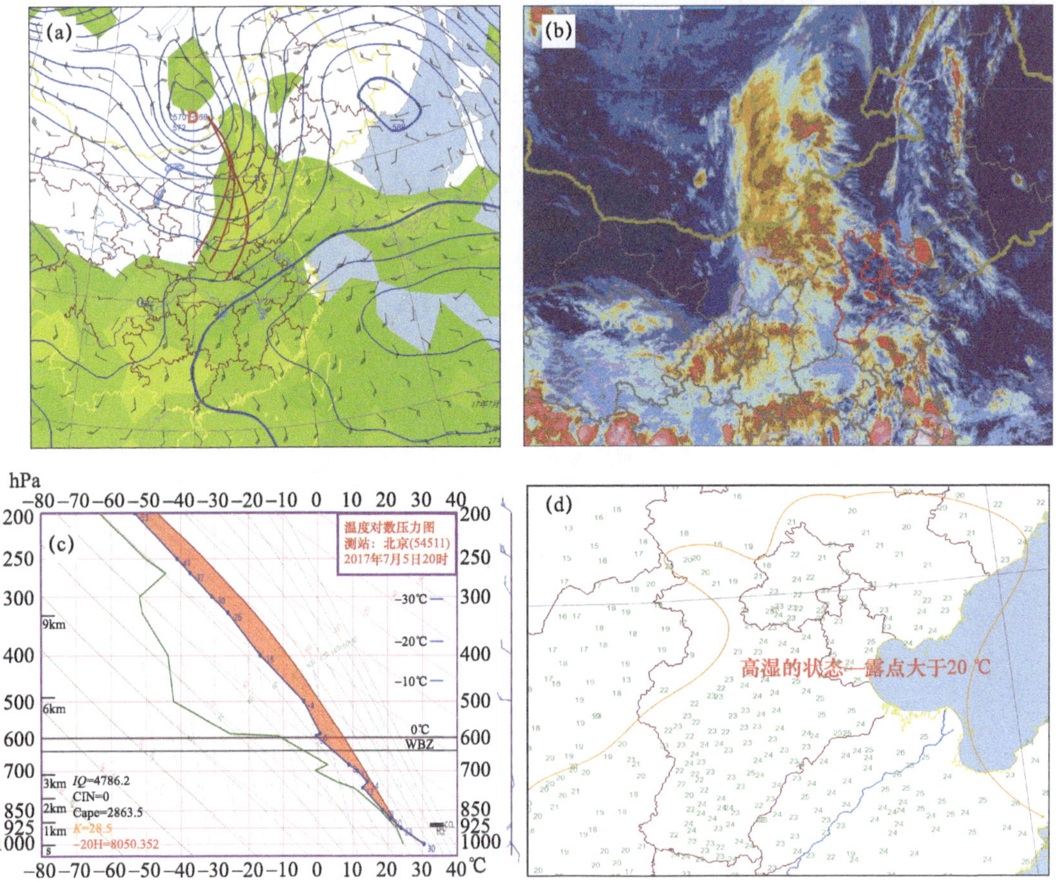

图 3.5　2017 年 7 月 5 日 500 hPa 高度场（蓝色实线）和 700 hPa 相对湿度（阴影）(a)、云图(b)、北京观象台探空(c)、地面露点温度(d)

3.1.2　强对流

2011—2020 年 6 月 20 日—7 月 5 日，北京城区强对流主要为短时强降水（7 站任意 1 站雨强≥20 mm/h）和短时大风（7 站任意 2 站极大风≥6 级）过程。

短时强降水过程 13 次（概率为 7.95%），见表 3.2。短时大风过程 24 次（概率为 13.6%），见表 3.3。由表 3.2 和表 3.3 可见，短时强降水主要的影响系统为高空槽（8 例）、低涡（5 例）；短时大风的主要影响系统为冷涡（12 例）、高空槽（10 例）、低层切变线（2 例）。

表 3.2　2011—2020 年 6 月 20 日—7 月 5 日北京城区短时强降水过程

序号	年	月	日	影响系统	最大雨强/(mm/h)
1	2011	6	23	东北冷涡（500 hPa、700 hPa）、切变线（850 hPa）、冷槽（500 hPa）、暖脊（850 hPa）	90.8
2	2011	6	30	高空槽（500 hPa、700 hPa、850 hPa）、冷槽（500 hPa）、暖脊（850 hPa）	20.3
3	2011	7	1	高空槽（500 hPa、700 hPa、850 hPa）、冷槽（500 hPa）、暖脊（850 hPa）	25.9
4	2012	6	23	高空槽（500 hPa、700 hPa、850 hPa）、冷槽（500 hPa）	22.9
5	2012	6	25	蒙古低涡（500 hPa、700 hPa、850 hPa）、冷槽（500 hPa）、暖脊（850 hPa）	31.1

续表

序号	年	月	日	影响系统	最大雨强/(mm/h)
6	2013	7	1	东北冷涡(500 hPa、700 hPa、850 hPa)、冷槽(500 hPa)、暖脊(850 hPa)	30.5
7	2014	6	20	高空槽(500 hPa)、切变线(700 hPa)、冷槽(500 hPa)	23.6
8	2014	7	1	高空槽(500 hPa)、切变线(700 hPa、850 hPa)、冷槽(500 hPa)、暖脊(850 hPa)	26.5
9	2015	6	26	高空槽(500 hPa)、切变线(700 hPa)、冷槽(500 hPa)	33.7
10	2017	6	23	华北低涡(500 hPa、700 hPa、850 hPa)、冷槽(500 hPa)	24.5
11	2017	7	3	高空槽(500 hPa、700 hPa、850 hPa)、冷槽(500 hPa)	34.3
12	2020	6	24	蒙古低涡(500 hPa、700 hPa、850 hPa)、切变线(700 hPa、850 hPa)、冷槽(500 hPa)	29.4
13	2020	7	3	高空槽(500 hPa)、切变线(700 hPa、850 hPa)、冷槽(500 hPa)	41.1

表 3.3　2011—2020 年 6 月 20 日—7 月 5 日北京城区短时大风过程

序号	年	月	日	影响系统	城区最大阵风/(m/s)
1	2011	6	23	东北冷涡(500 hPa、700 ha)、切变线(850 hPa)、冷槽(500 hPa)、暖脊(850 hPa)	20.6
2	2012	6	21	高空槽(500 hPa)、切变线(700 hPa、850 hPa)、暖脊(850 hPa)	19.2
3	2012	7	5	高空槽(500 hPa)、切变线(700 hPa、850 hPa)、冷槽(500 hPa)	10.8
4	2013	6	24	高空槽(500 hPa)、切变线(700 hPa、850 hPa)、冷槽(500 hPa)、暖脊(850 hPa)	14.2
5	2013	6	28	高空槽(500 hPa)、副热带高压(500 hPa)、切变线(700 hPa、850 hPa)、冷槽(500 hPa)、暖脊(850 hPa)	11.7
6	2013	7	4	东北冷涡(500 hPa、700 hPa、850 hPa)、冷槽(500 hPa)、暖脊(850 hPa)	20.3
7	2014	6	21	高空槽(500 hPa)、切变线(700 hPa、850 hPa)、冷槽(500 hPa)	12.8
8	2014	7	1	高空槽(500 hPa)、切变线(700 hPa、850 hPa)、冷槽(500 hPa)、暖脊(850 hPa)	15.5
9	2015	6	26	高空槽(500 hPa)、切变线(700 hPa)、冷槽(500 hPa)	13.7
10	2015	6	29	东北冷涡(500 hPa、700 hPa、850 hPa)、高空槽(500 hPa)、切变线(850 hPa)、冷槽(500 hPa)	10.8
11	2015	7	1	东北冷涡(500 hPa、700 hPa、850 hPa)、冷槽(500 hPa)	15.4
12	2016	6	21	蒙古冷涡(500 hPa、700 hPa、850 hPa)切变线(700 hPa、850 hPa)、冷槽(500 hPa)	13.5
13	2016	6	24	东北冷涡(500 hPa、700 hPa、850 hPa)、冷槽(500 hPa)	15.2
14	2017	6	21	华北低涡(500 hPa、700 hPa、850 hPa)、冷槽(500 hPa)	17.4
15	2017	6	25	东北冷涡后部，冷槽(500 hPa)	13.2
16	2017	6	27	切变线(700 hPa、850 hPa)	15.6
17	2018	6	26	东北冷涡(500 hPa、700 hPa、850 hPa)、切变线(850 hPa)、冷槽(500 hPa)、暖脊(850 hPa)	16.0
18	2018	6	29	东北冷涡(500 hPa、700 hPa、850 hPa)、高空槽(500 hPa)、切变线(700 hPa、850 hPa)、冷槽(500 hPa)、暖脊(850 hPa)	16.1

续表

序号	年	月	日	影响系统	城区最大阵风/(m/s)
19	2018	6	30	高空槽(500 hPa)、切变线(700 hPa、850 hPa)、冷槽(500 hPa)	18.9
20	2018	7	5	切变线(850 hPa)、冷槽(500 hPa)、暖脊(850 hPa)	15.7
21	2019	6	20	东北冷涡(500 hPa、700 hPa、850 hPa)、切变线(850 hPa)、冷槽(500 hPa)、暖脊(850 hPa)	12.0
22	2019	7	2	东北冷涡(500 hPa、700 hPa、850 hPa)、切变线(700 hPa、850 hPa)、冷槽(500 hPa)、暖脊(850 hPa)	20.5
23	2019	7	4	东北冷涡(500 hPa、700 hPa、850 hPa)、切变线(700 hPa、850 hPa)、冷槽(500 hPa)	11.8
24	2020	6	24	蒙古低涡(500 hPa、700 hPa、850 hPa)、切变线(700 hPa、850 hPa)、冷槽(500 hPa)	16.8

3.1.2.1　2011 年 6 月 23 日短时强降水过程

2011 年 6 月 23 日，北京出现一次暴雨过程，全市平均雨量为 53 mm，最大降雨中心在石景山的模式口 215.2 mm(图 3.6a)。短时强降水主要出现在 16—18 时，模式口 2 h 累积雨量为 173 mm(图 3.6b)，最大雨强达 128.3 mm/h(16—17 时)，是 2010 年以来雨强历史排位第一。本次过程，主城区雨量为 65.8 mm，最大雨强 33.4 mm/h(23 日 17 时)。

这次强对流天气是受冷涡及槽后冷空气、低层低涡、地面偏东风共同影响造成的。500 hPa 欧亚中高纬为两槽一脊形势，贝加尔湖地区为阻塞高压。6 月 21 日 20 时，阻塞高压南部出现切断低涡。23 日 08 时(图 3.7)，切断低涡并入东部槽中，有冷空气分裂南下；700～850 hPa 也有气旋式环流。23 日下午，低层 850 hPa 则位于低涡东侧，偏南风逐渐转为东南风，湿度大，比湿达 14 g/kg；地面位于山西—河北地面冷锋前的暖低压内，为偏东风，露点温度为 20～21 ℃。因此，北京低层处于上升运动区，同时，探空显示(图 3.8)，午后大气层结为上干冷下暖湿，且中高层受切断低涡南侧的西北气流影响，0～6 km 垂直风切变大，有利于上游对流下山并组织化加强，出现雷暴大风、短时强降水等强对流天气。

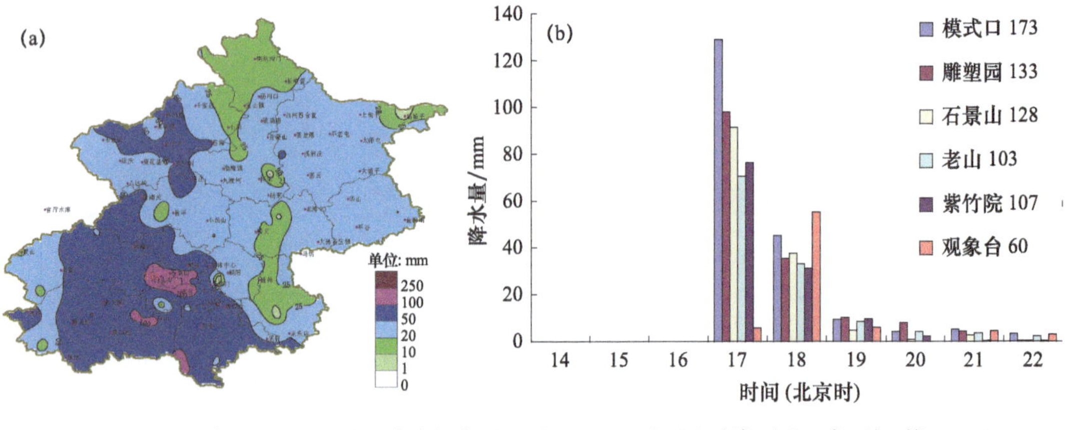

图 3.6　2011 年 6 月 23 日过程降水量实况(a)和 14—22 时逐小时降雨(b)(章丽娜 等，2014)

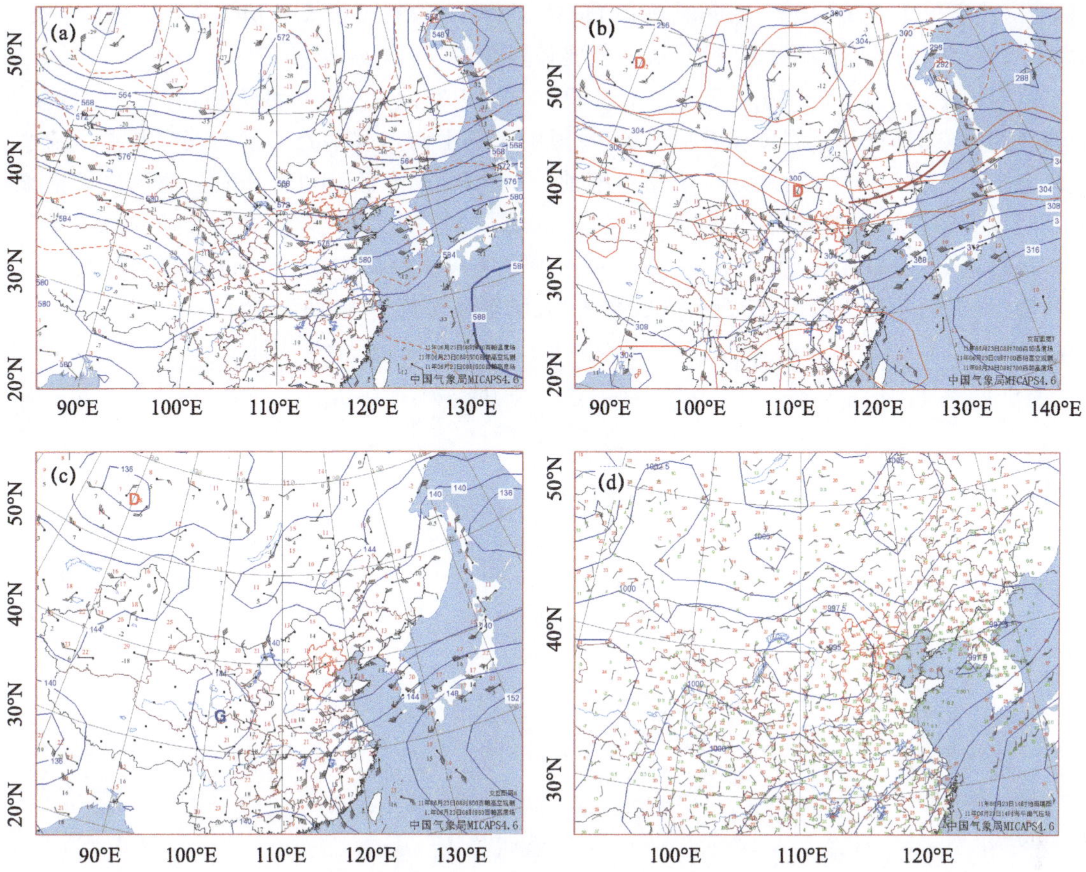

图 3.7　2011 年 6 月 23 日 08 时 500 hPa(a)、700 hPa(b)、850 hPa(c)、地面(d)天气形势

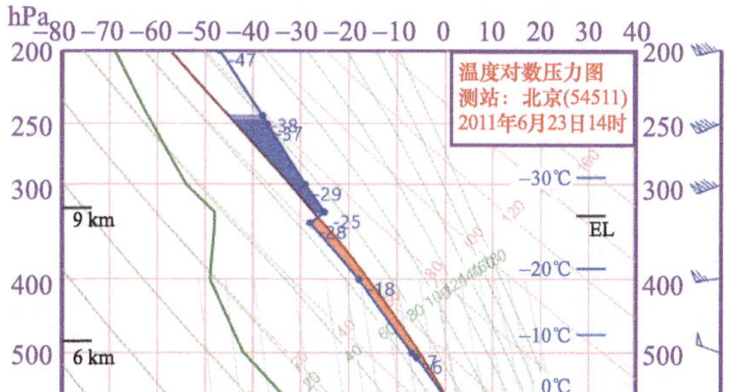

图 3.8　2011 年 6 月 23 日北京观象台探空

(CAPE：367.5 J/kg，*K*：31 ℃)

3.1.2.2　2008 年 7 月 4 日雷雨大风过程

2008 年 7 月 4 日 21 时，主城区 1 h 雨量达 53.6 mm，瞬时极大风速达 17.6 m/s(8 级)。本次主城区的短时强降水和短时大风，由发展强烈的深厚湿对流造成。

7 月 4 日 20 时，500～700 hPa 110°E 从贝加尔湖以东地区至我国西南部，有 3 个加深发展的西风槽，中纬和低纬呈同位相叠加趋势，我国中东部由南向北均处于槽前偏南暖湿气流中，低空急流向北伸展至华北；北京位于高空槽前、850 hPa 黄淮低涡切变和低空急流影响区域，地面受低压辐合区和偏东风影响(图 3.9)，具有深厚的垂直上升运动和非常好的水汽条件。探空显示，CAPE 非常大，达 4272.9J/kg，对流上限突破 200 hPa，0～6 km 垂直风切变大，有深厚湿层，有利于形成深厚湿对流，造成暴雨、大风等强对流天气(图 3.10)。

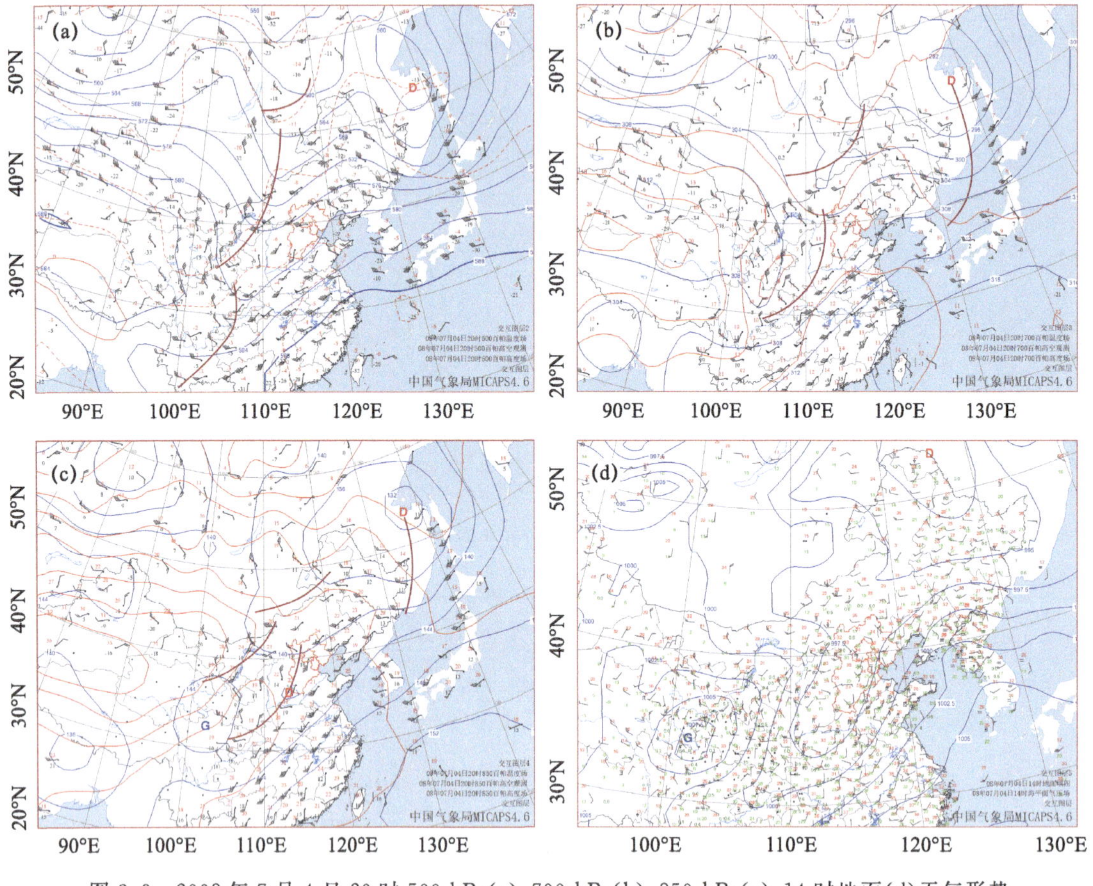

图 3.9　2008 年 7 月 4 日 20 时 500 hPa(a)、700 hPa(b)、850 hPa(c)、14 时地面(d)天气形势

3.1.3　高温

3.1.3.1　2010 年 7 月 2—5 日持续性高温过程

2010 年 7 月 2—5 日，北京地区受强大的暖气团控制，出现了持续 4 d 的高温天气过程。从主城区和奥体中心站逐小时温度演变图(图 3.11)可以看出，这段时间最低气温在 20 ℃以上，最高气温超过 35 ℃。7 月 5 日，北京城区出现 40 ℃以上的极端高温，主城区最高气温达到 41.0 ℃，奥体中心站最高气温达 41.5 ℃。

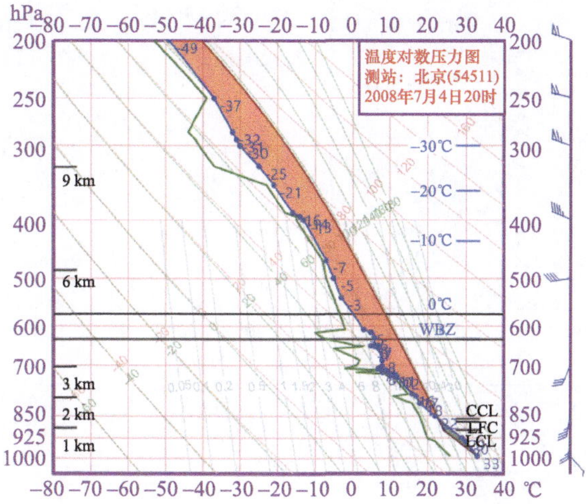

图 3.10　2008 年 7 月 4 日 20 时北京观象台探空

(CAPE：4272.9 J/kg，DCAPE：282.1 J/kg，*SI*：−3.89 ℃)

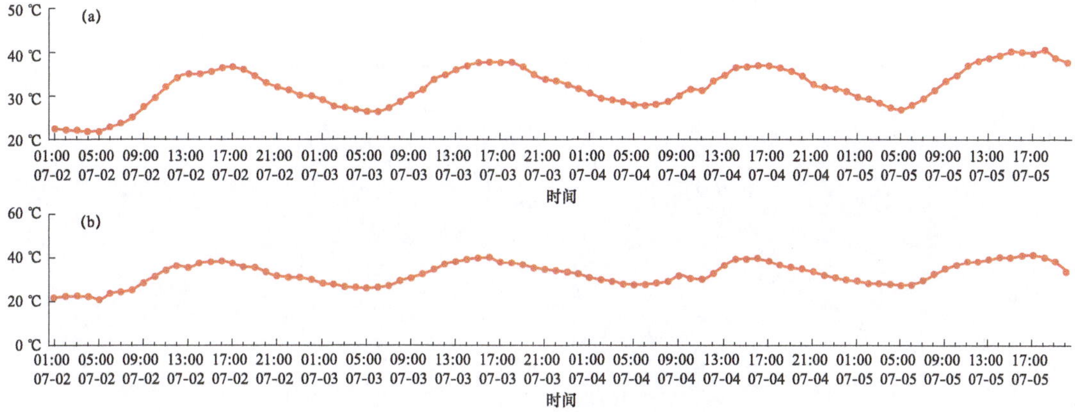

图 3.11　2010 年 7 月 2—5 日主城区(a)和奥体中心(b)逐小时温度演变

图 3.12 和图 3.13 分别为 2010 年 7 月 2 日天气形势演变图和探空图。从 500 hPa 环流场可知，7 月 2 日北京处于高压脊区，西部有短波槽，会在夜间影响北京，但不影响白天的高温；850 hPa 在北京西北部有发展强盛的暖气团，暖中心达到 30 ℃，北京处于暖气团的外围，850 hPa 温度在 22 ℃左右，具备出现高温的温度条件。从探空可知，850 hPa 以下为偏北风，有利于下沉增温，主城区最高气温为 36.8 ℃。3 日，上游 850 hPa 暖中心继续维持，北京上空 850 hPa 温度由 22 ℃变暖到 26 ℃左右，温度条件更加有利，主城区最高气温为 38.1 ℃。4 日、5 日，500 hPa 高空环流形势较为相似，都处于东北冷涡后部的西部气流中，850 hPa 也依然处于暖气团控制中，暖气团温度在 24 ℃左右。但由于前期 2 d 的高温，地面最低气温不断升高，基础温度较高的情况下，有利于最高气温不断攀升，因此，在 7 月 5 日出现了 40 ℃以上的极端高温。

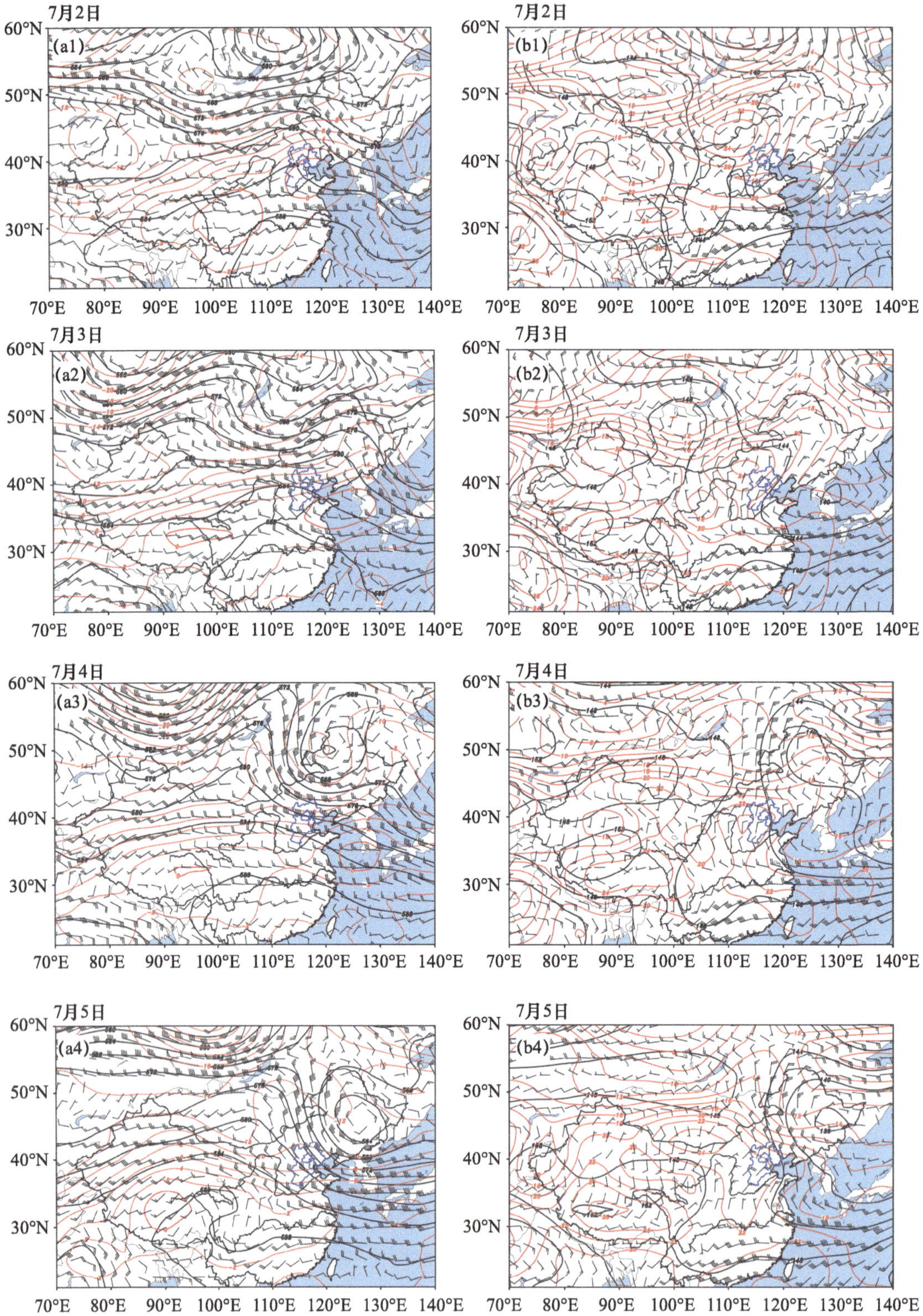

图 3.12　2010 年 7 月 2—5 日 500 hPa(a1～a4)、850 hPa(b1～b4)天气形势演变

3.1.3.2　2014 年 6 月 30 日高温过程

2014 年 6 月 30 日，北京地区受暖气团影响，出现了高温天气过程。从主城区和奥体中心

站逐小时温度演变图(图 3.14)可以看出，上午时段升温迅速，2 站最高气温均超过 35 ℃，奥体中心站最高气温比北京观象台略高。

图 3.15 为 2014 年 6 月 30 日—7 月 1 日天气形势和北京观象台探空。从 500 hPa 环流场可知，08 时北京处于高压脊区，西部有短波槽，虽然不影响白天的高温，但有出现对流天气的可能性；700 hPa 湿度区在北京的西部地区，未来会影响城区；850 hPa 处于暖气团控制中，中心强度达到 20 ℃。北京处于暖气团的外围，850 hPa 温度在 18～20 ℃，具备出现高温的温度条件，但最高气温不会过高。从探空可知，850 hPa 以下为偏南风，与 500 hPa 的偏北风形成垂直风切变条件。08—14 时，CAPE 进一步增强，14 时达到 1900 J/kg，从探空的形状特征来看，850 hPa 以下温度曲线沿干绝热分布，低层为喇叭口，*SI* 为负值，均为有利于对流出现的条件。这个个例是典型的高温同时出现对流的过程，符合高温对流的概念模型。

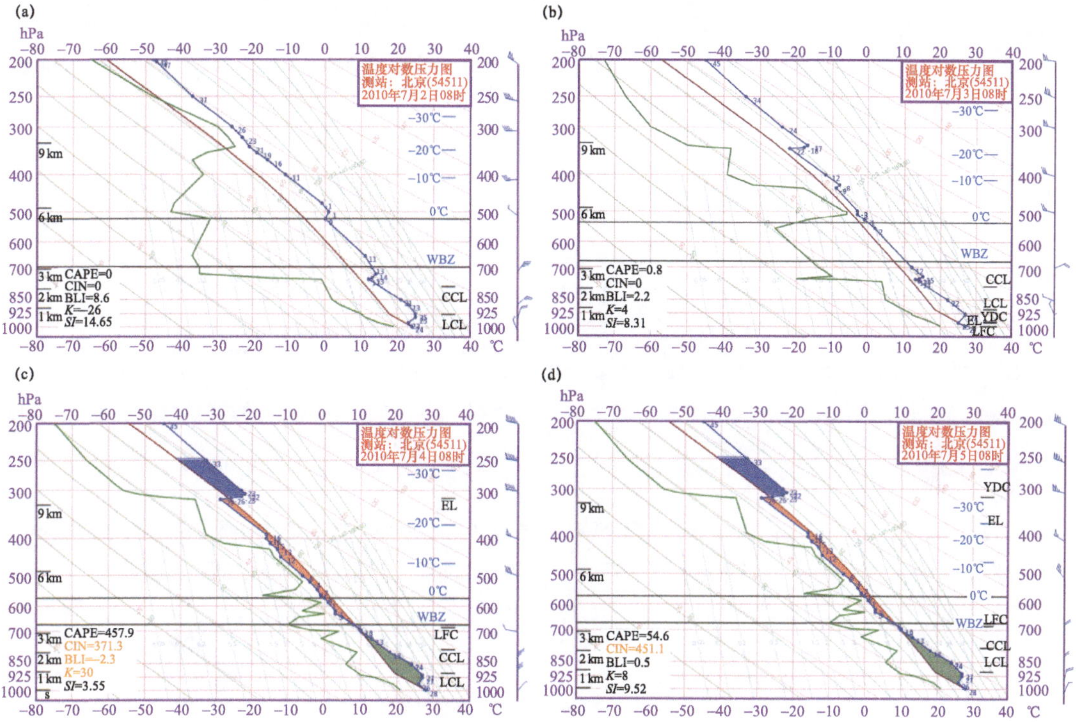

图 3.13　2010 年 7 月 2—5 日 08 时北京观象台探空

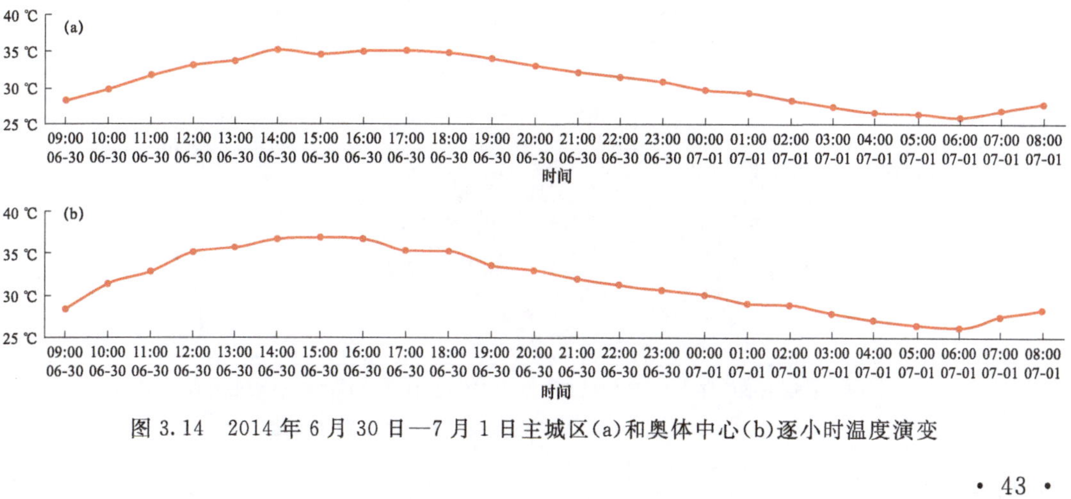

图 3.14　2014 年 6 月 30 日—7 月 1 日主城区(a)和奥体中心(b)逐小时温度演变

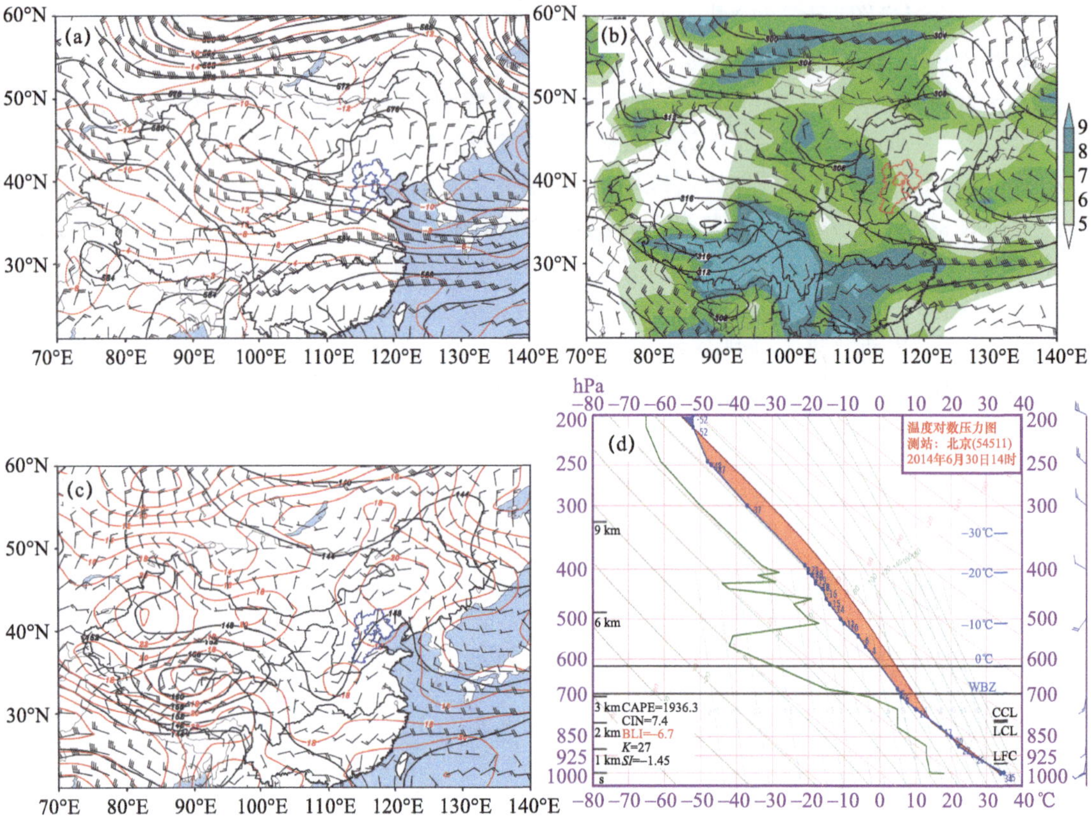

图 3.15　2014 年 6 月 30 日 500 hPa(a)、700 hPa(b)、850 hPa(c)天气形势和 14 时北京观象台探空(d)

3.1.4　大雾

2015 年 6 月 27—28 日，北京出现雾和霾天气。白天为霾，能见度 3～6 km；夜间为雾和轻雾，大部分地区能见度为 1～3 km，北京观象台、朝阳、海淀能见度<1 km(图 3.16)。

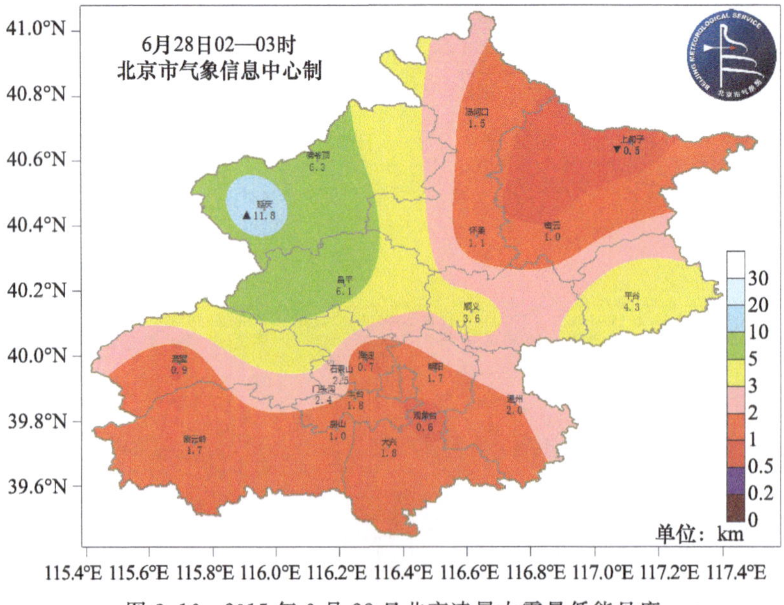

图 3.16　2015 年 6 月 28 日北京凌晨大雾最低能见度

图 3.17 为 2015 年 6 月 27 日天气形势和 28 日北京观象台探空。这次雾主要是由于 26 日出现了全市性降水，地面潮湿，水汽来不及完全蒸发造成的。地面为稳定的东高西低形势，华北地区处于高压后部的偏南风区域，风力小、湿度大。500 hPa、700 hPa 北京为高压脊控制，形势稳定，850 hPa 为高压后部南风气流控制，暖湿平流明显。北京地区处于弱的下沉气流控制中，有利于水汽在近地面的堆积。从探空图看，700 hPa 以下为饱和湿区，边界层风力小，有时存在明显逆温层，不利于水汽的扩散。

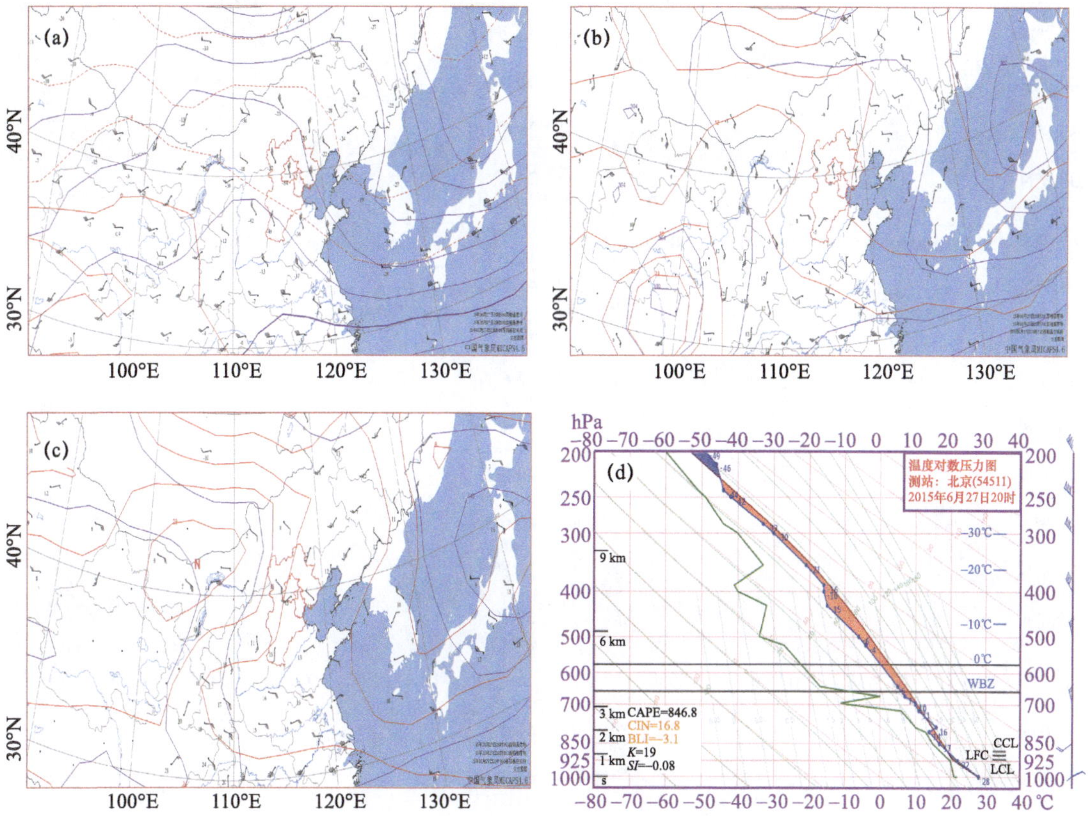

图 3.17　2015 年 6 月 27 日 20 时 500 hPa(a)、700 hPa(b)、850 hPa(c)天气形势和 27 日 20 时北京观象台探空(d)

3.2　北京城区漏报过程分析

3.2.1　短时强降水和短时大风过程总体预报情况

2010—2020 年 6 月 20 日—7 月 5 日，北京城区出现短时强降水过程共计 13 次(表 3.2)，均无漏报；出现 2 站及以上短时大风(≥6 级)过程共计 24 次(表 3.3)，其中，有 10 次雷雨大风天气漏报，且有 6 次出现在近 3 a，即 2018—2020 年，图 3.18 为 6 次漏报雷雨大风过程的雨量分布。

分析发现，城区 7 站的降雨量均为小雨或零星小雨(微量，0.0 mm)，西部、北部局地雨量较大，达中到大雨，2018 年 7 月 5 日山区局地出现暴雨(图 3.18c)。分析 6 次漏报过程的天气背景形势发现，主要有 2 种高低空系统配置：影响最多的系统是东北冷涡(冷槽)，其次是西北气流配合低层切变线(图 3.19 和图 3.20)。

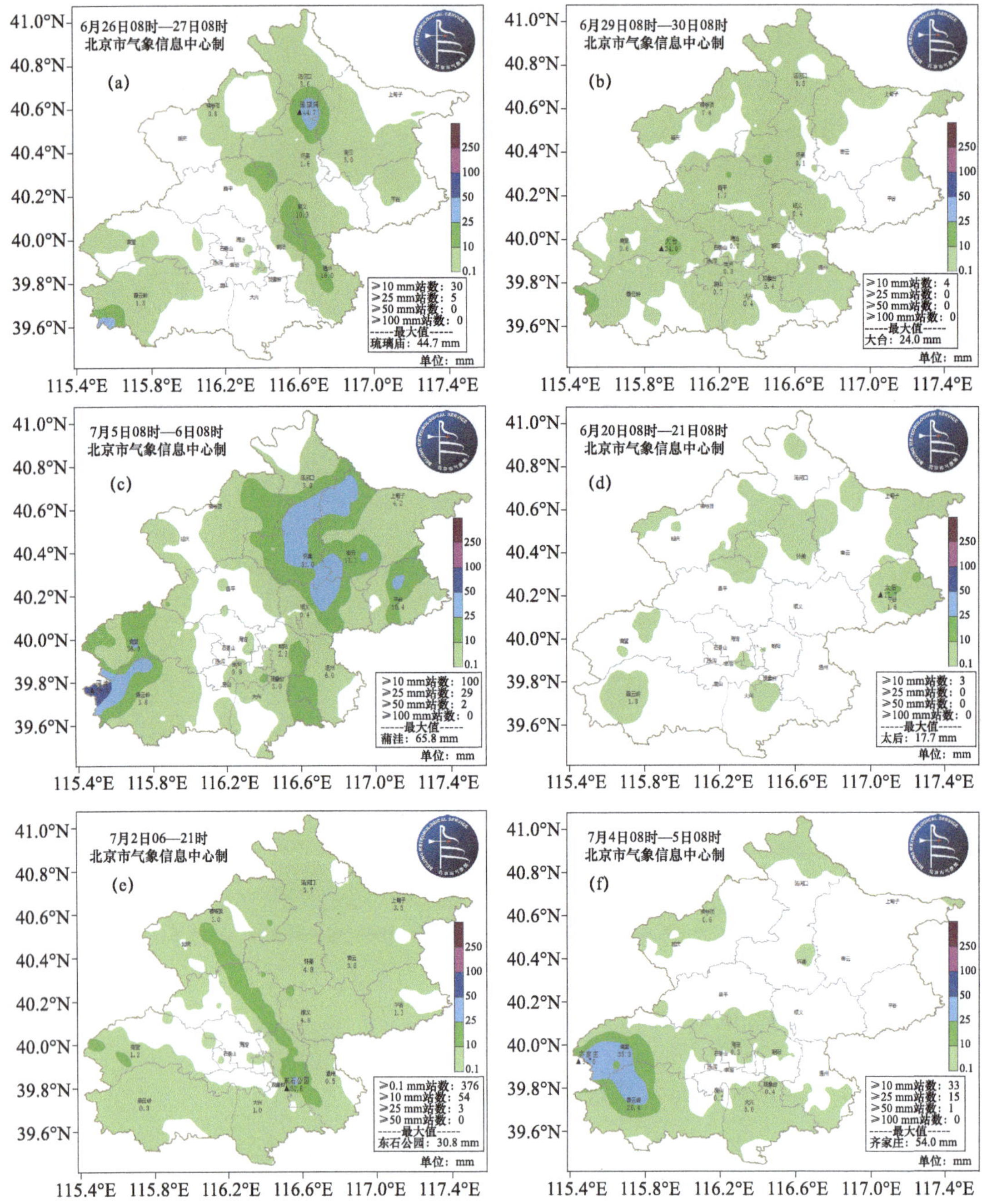

图 3.18　北京城区 6 次漏报雷雨大风过程雨量分布

(a)2018 年 6 月 26 日；(b)2018 年 6 月 29 日；(c)2018 年 7 月 5 日；

(d)2019 年 6 月 20 日；(e)2019 年 7 月 2 日；(f)2019 年 7 月 4 日

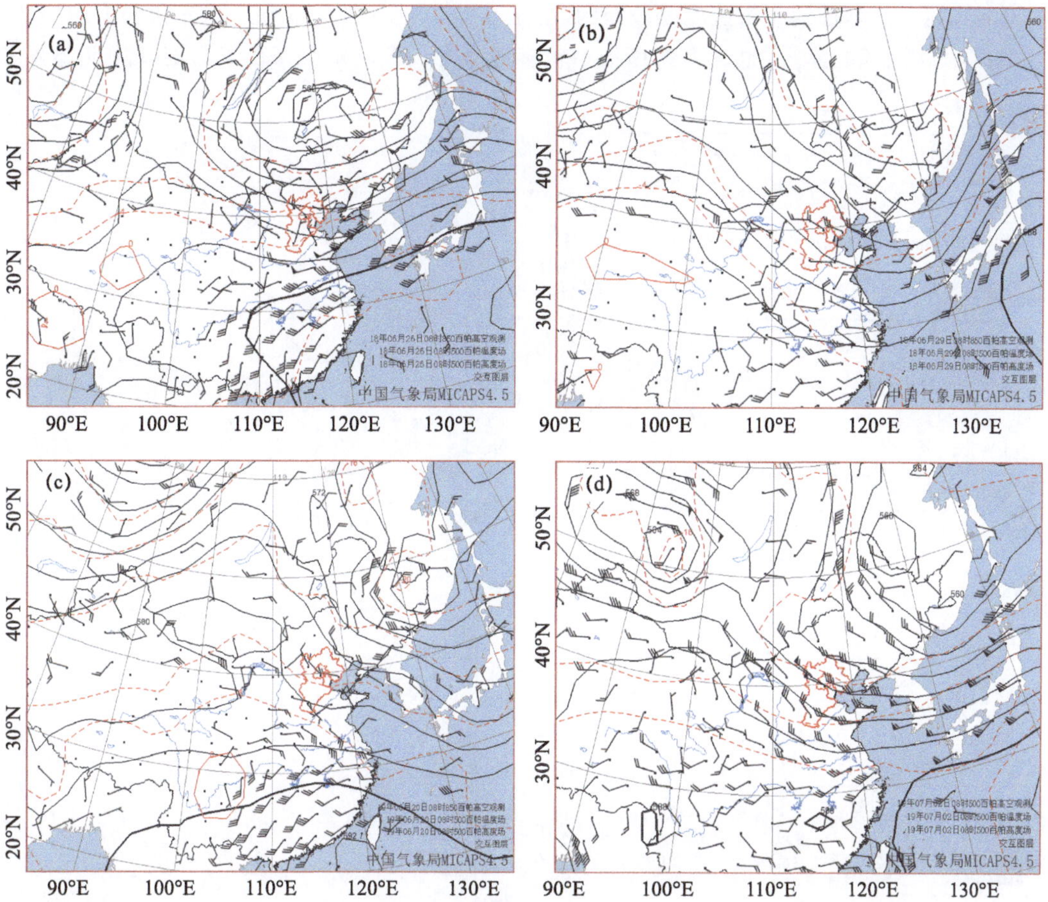

图 3.19　北京城区漏报雷雨大风天气形势Ⅰ

（东北冷涡背景下，500 hPa 高度场、500 hPa 温度场和 850 hPa 风场）

(a)2018 年 6 月 26 日；(b)2018 年 6 月 29 日；(c)2019 年 6 月 20 日；(d)2019 年 7 月 2 日

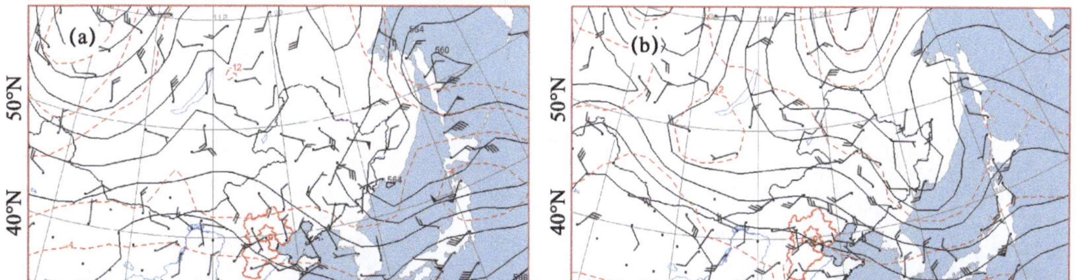

图 3.20　北京城区漏报雷雨大风天气形势Ⅱ

（西北气流配合低层切变，500 hPa 高度场、500 hPa 温度场和 850 hPa 风场）

(a)2018 年 7 月 5 日；(b)2019 年 7 月 4 日

各次过程北京上空的温湿风垂直廓线表明（图 3.21），在雷雨大风天气发生前，城区 700 hPa 或 850 hPa 以下至地面的相对湿度是较差的，不足 60%，因此，降雨偏弱，但有利于出现短时大风。城区雷雨天气的漏报，也是因为预报中较多地考虑到低层水汽条件不好对降雨明显不利。

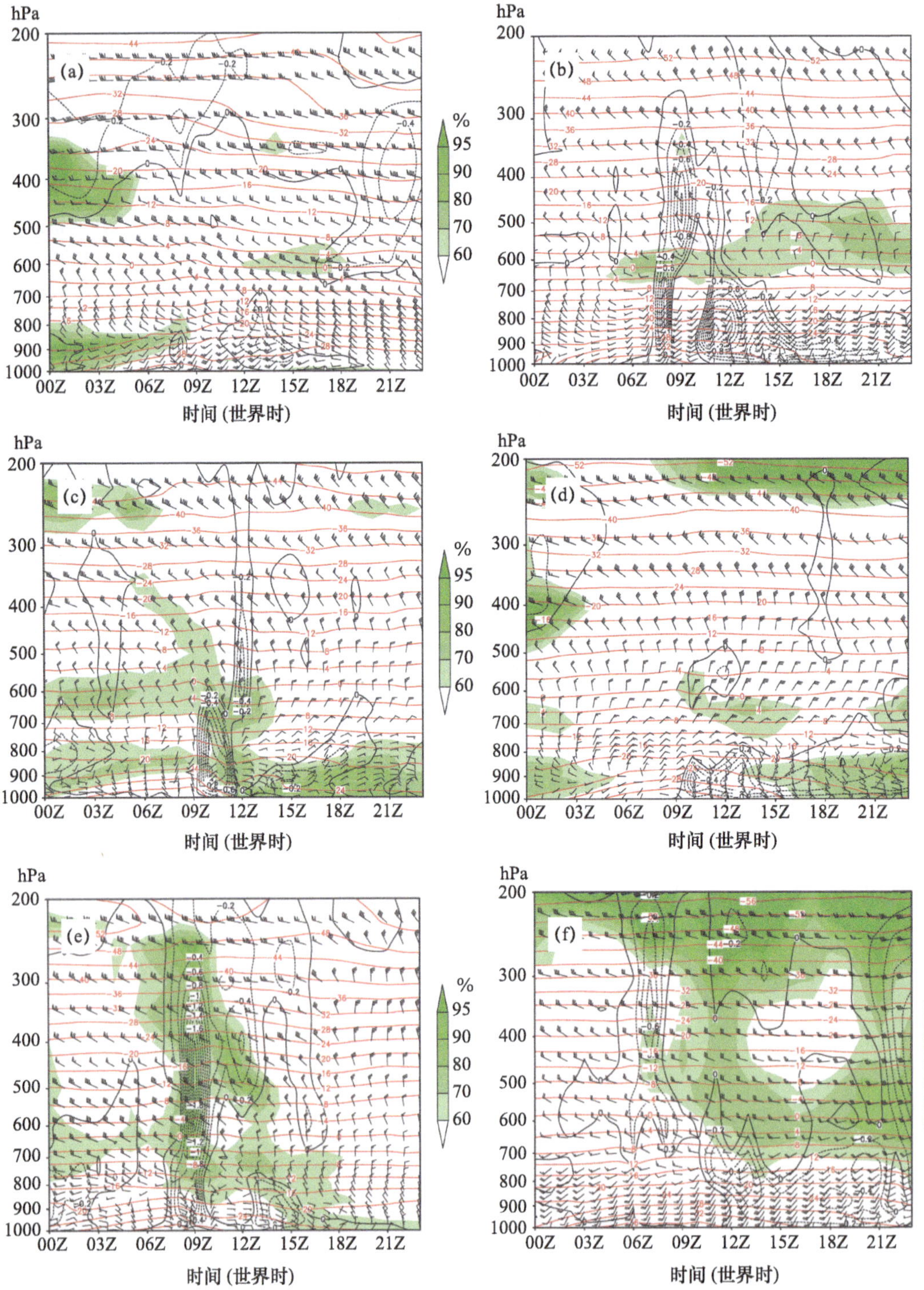

图 3.21　北京城区 6 次漏报雷雨大风过程温湿风垂直廓线

(a)2018 年 6 月 26 日；(b)2018 年 6 月 29 日；(c)2018 年 7 月 5 日；(d)2019 年 6 月 20 日；(e)2019 年 7 月 2 日；(f)2019 年 7 月 4 日

3.2.2　典型漏报过程可预报性分析

以 2019 年 7 月 2 日雷雨大风过程为例，分析漏报的可能原因。

(1)天气实况及形势

7 月 2 日，雷阵雨天气的影响时段为 12—20 时。出现雷阵雨时，伴有 6 级及以上短时大风(图 3.22)，其中，主城区极大风速 12.3 m/s(6 级，15 时 35 分)，奥体中心站极大风速 10.7 m/s 大风(5 级，15 时 35 分)。朝阳、大兴和通州是短时大风影响比较严重的地区，其中，朝阳的极大风力达 10 级。此外，7 月 2 日的气温比较高，北京观象台 34 ℃，主城区 33.5 ℃，奥体中心站 36.6 ℃。

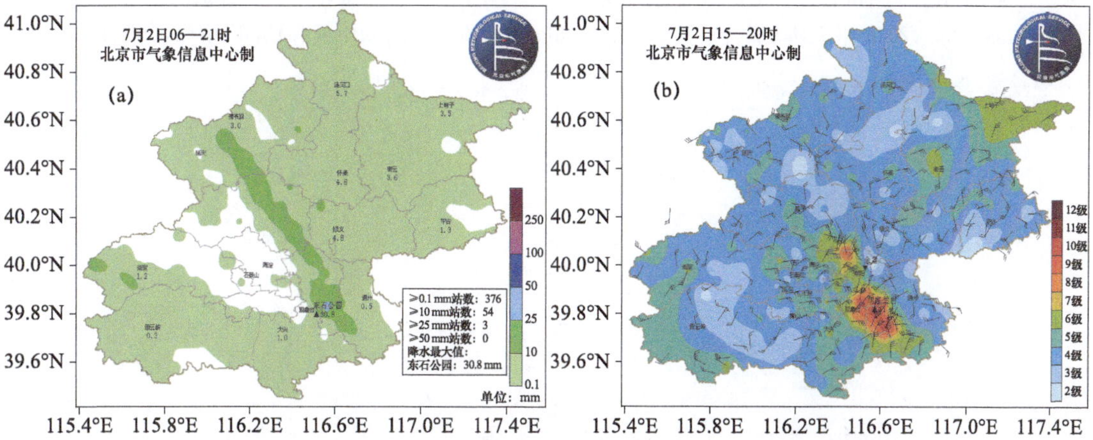

图 3.22　2019 年 7 月 2 日降雨实况(a)、大风实况(b)

本次过程发生在 500 hPa 冷涡影响下，内蒙古中东部有冷槽，北京受冷涡西南象限偏北气流(冷平流)影响；700 hPa 和 850 hPa，有东北—西南向切变线压在河北北部至北京西部山区，850 hPa 为暖区，地面为弱辐合区控制，并有东南风(图 3.23)。14 时，本地能量增大，CAPE 为 818 J/kg，具备“上冷下暖”的不稳定层结(*SI* 为 −2.21 ℃)(图 3.24a)，此外，地面至 1600 m 高度偏东风加强，有利于山前辐合抬升(图 3.24b)。

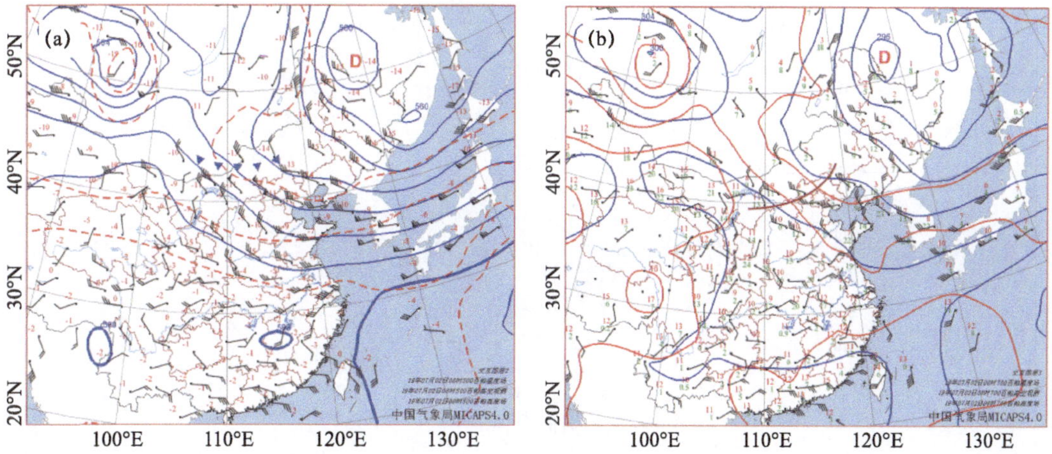

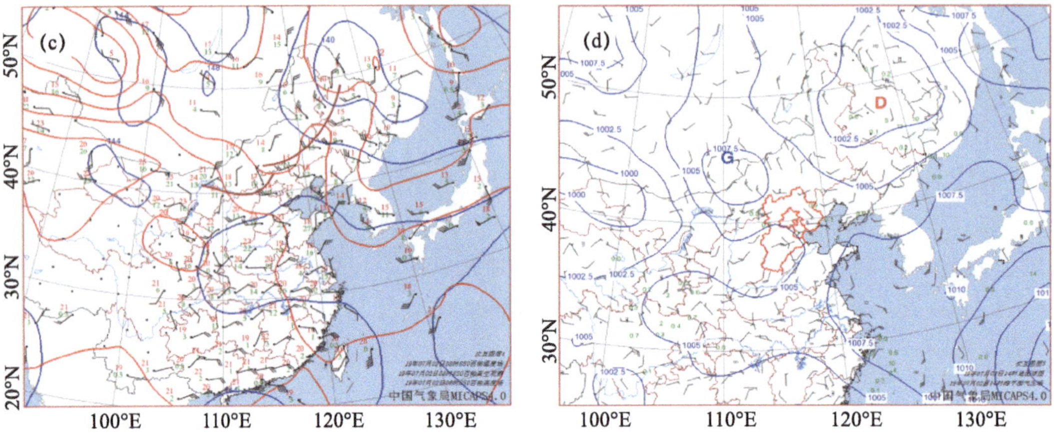

图 3.23　2019 年 7 月 2 日 500 hPa(a)、700 hPa(b)、850 hPa(c)、地面(d)雷雨大风天气形势

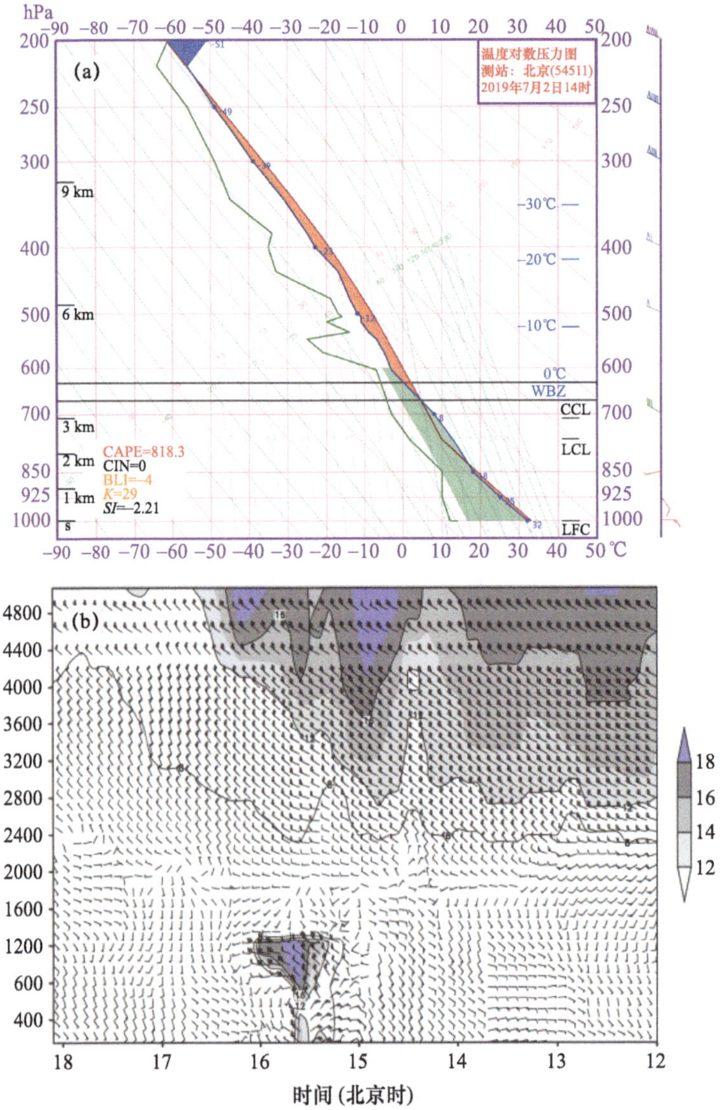

图 3.24　2019 年 7 月 2 日 14 时北京观象台探空(a)、12—18 时风廓线风场演变(b)

(CAPE:818 J/kg,*SI*:−2.21 ℃,DCAPE:1161 J/kg)

但是，850 hPa 以下相对湿度仍然较差，并且 CAPE 山区大、平原小（图 3.25）。因此，对流容易在山区发展起来，在西北气流引导下向平原地区移动，平原地区不稳定层结和偏东风的加大有利于雷暴下山；由于低层干，DCAPE 大，容易出现雷暴大风天气。

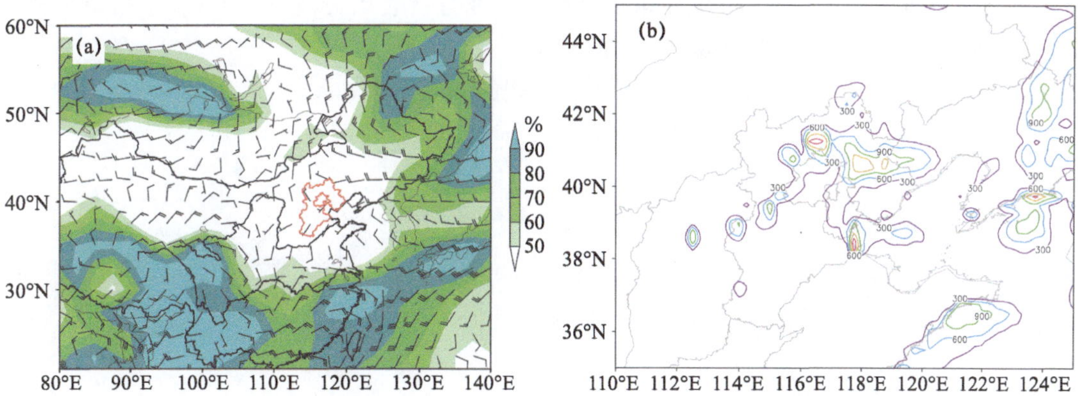

图 3.25　2019 年 7 月 2 日 14 时雷雨大风天气环境要素 850 hPa 相对湿度和风(a)、CAPE(b)

7 月 2 日午后，冷涡、冷槽和低层切变线处有对流云团发展加强（图 3.26）。对应雷达回波对流单体在北京西北部地区发展加强，向平原地区移动，前侧出现阵风锋；对应速度场有大风速核向雷达中心靠近，大风核高度不断下降（图 3.27）。

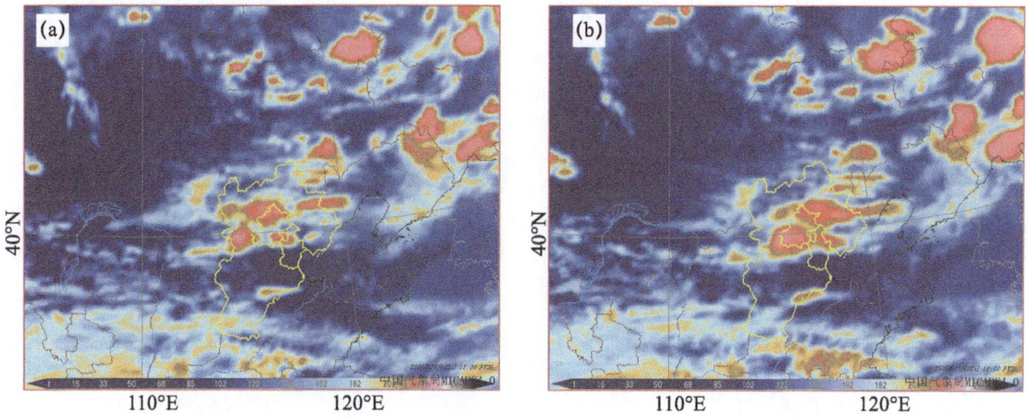

图 3.26　2019 年 7 月 2 日 15 时(a)、16 时(b)FY-2G 红外云图

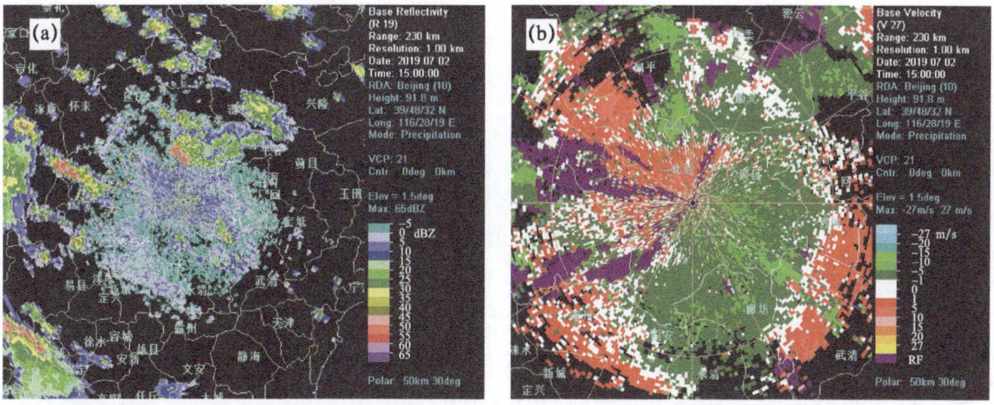

图 3.27　2019 年 7 月 2 日 15 时雷达反射率因子(1.5°)(a)、对应时刻径向速度(1.5°)(b)

地面区域自动气象站温压风客观分析显示（图 3.28），在上游北京西北部山区的雷暴开始加强并缓慢移动过程中，地面出现明显的雷暴高压（1 h 变压＋1.5 hPa）和显著负变温区（1 h 变温－14 ℃左右）。雷暴高压和负变温区前侧出现等压线和等温线的大梯度区（中尺度锋面），并且偏东风与之呈现接近 90°夹角。以往的研究分析表明，这种形势有利于雷暴加速下山，并有可能在中尺度锋面附近触发出新的对流。

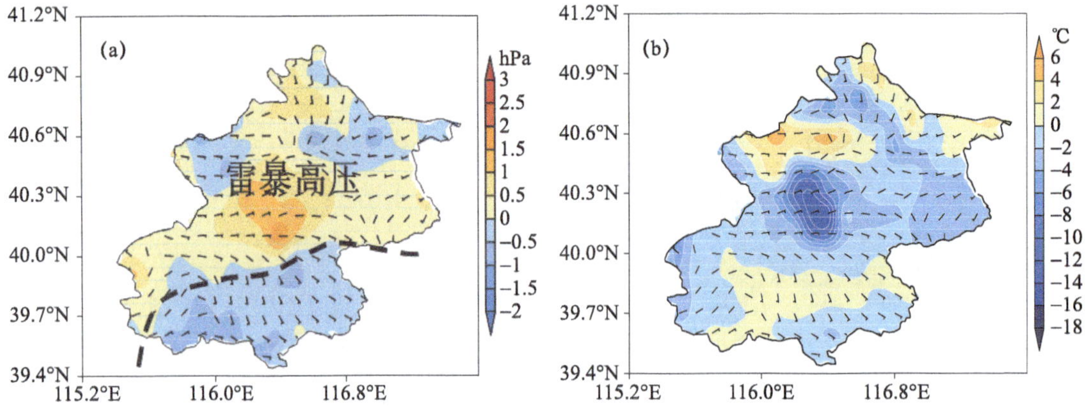

图 3.28　2019 年 7 月 2 日 15 时地面区域自动站温压风客观分析 1 h 变压(a)、1 h 变温(b)

（2）模式可预报性

欧洲中期天气预报中心（ECMWF）集合预报（图 3.29）提前 5 d 以上对大尺度天气形势有比较好的预报效果，500 hPa 冷槽和 850 hPa 暖脊、10 m 风向与实况一致，指示出具有“上冷下暖”的层结不稳定性。地面的辐合线及偏东风指示边界层有雷暴触发的动力条件，并有利于雷暴下山（Wilson et al.，2010）。

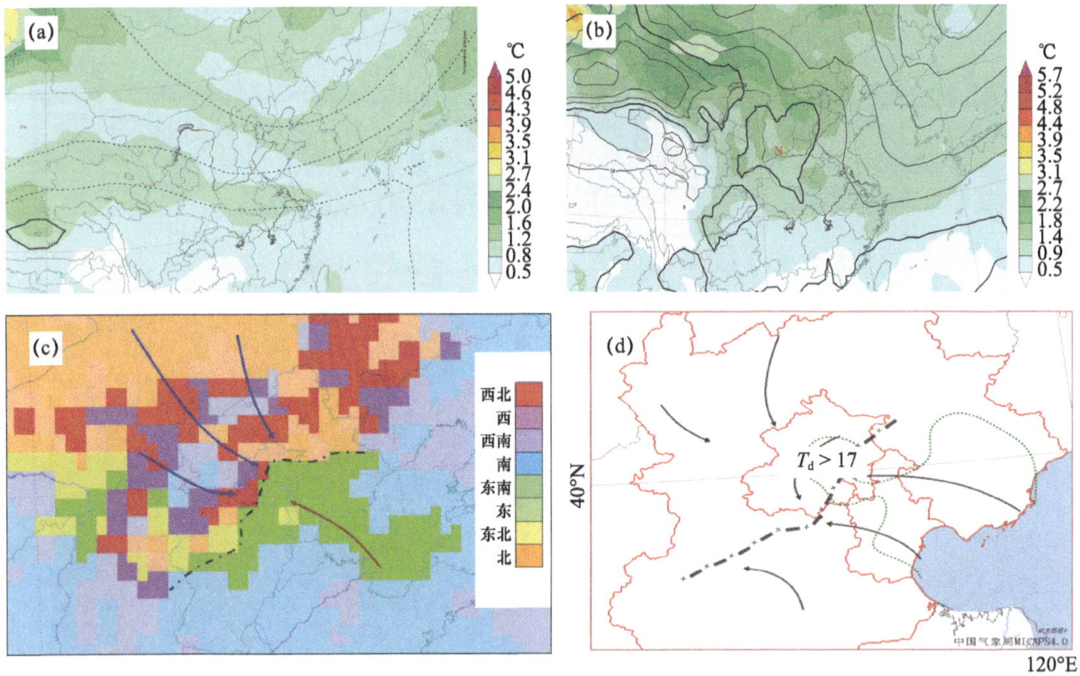

图 3.29　ECMWF 模式集合预报提前 132 h(5 d 以上)预报 2019 年 7 月 2 日 500 hPa 冷槽(a)、850 hPa 暖舌(b)、10 m 风向(c)，7 月 2 日 14 时地面风向和辐合线实况(d)

中国气象局北京快速更新循环数值预报系统(CMA-BJ 3 km)模式预报多循环时次预报结果显示(图 3.30),7 月 2 日的降雨逐渐向全市调整,强度向强调整,北京南部局地有中到大雨。虽然北京西部降雨预报偏强,降水大值落区和实况有一定的偏差,但对于平原地区出现对流和降雨的指示性在不断增强,体现了中尺度区域模式快速同化循环的预报优势。

综合来看,此类漏报天气需要高度关注集合预报的大尺度形势对流潜势和中尺度模式的指示意义。

3.3　2021 年活动期间高影响天气过程复盘

3.3.1　2021 年 6 月 12 日高温天气

(1)天气实况

6 月 12 日,北京为晴到多云天气,日最高气温出现在东城天坛站,达 38.7 ℃;主城区 06—09 时升温显著,日最高气温达 36.0 ℃(15 时 42 分)(图 3.31),升温幅度为 11.0 ℃左右(11 日夜间

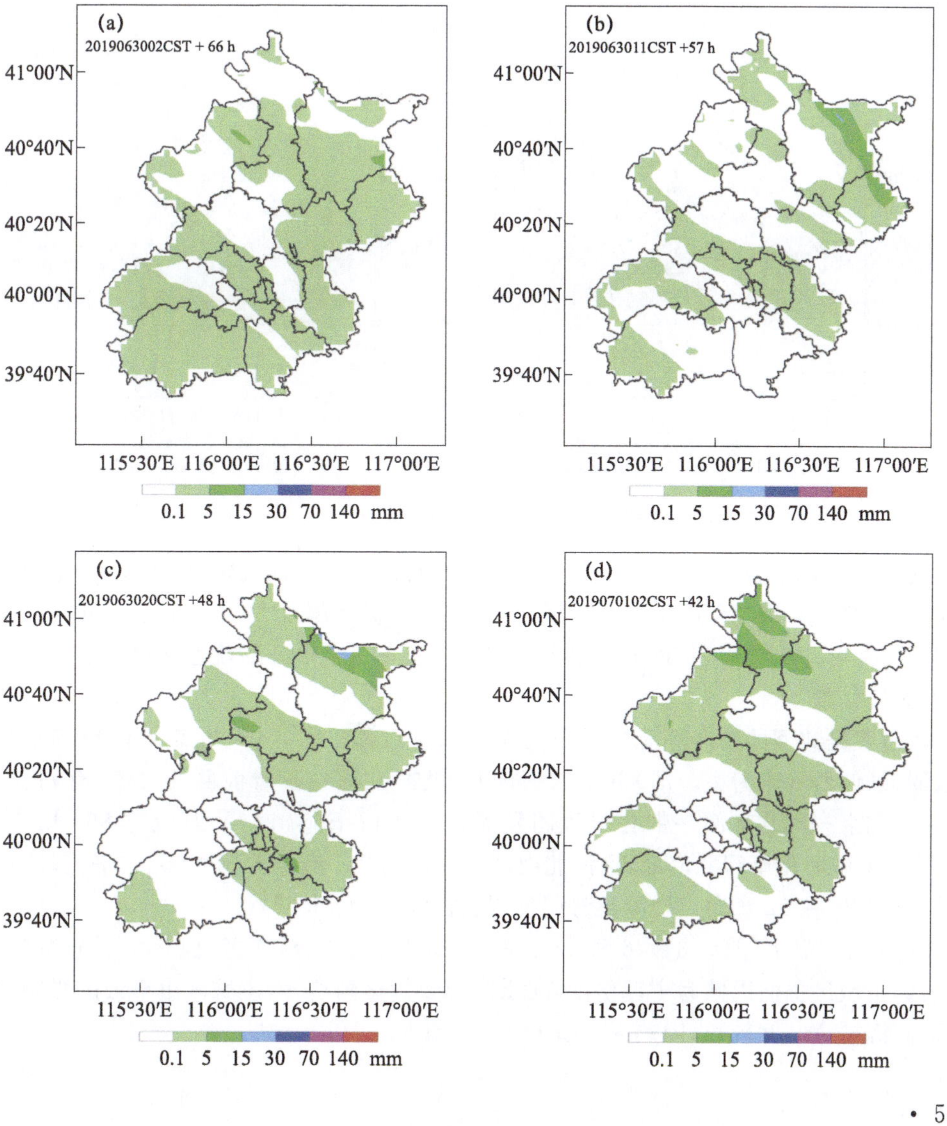

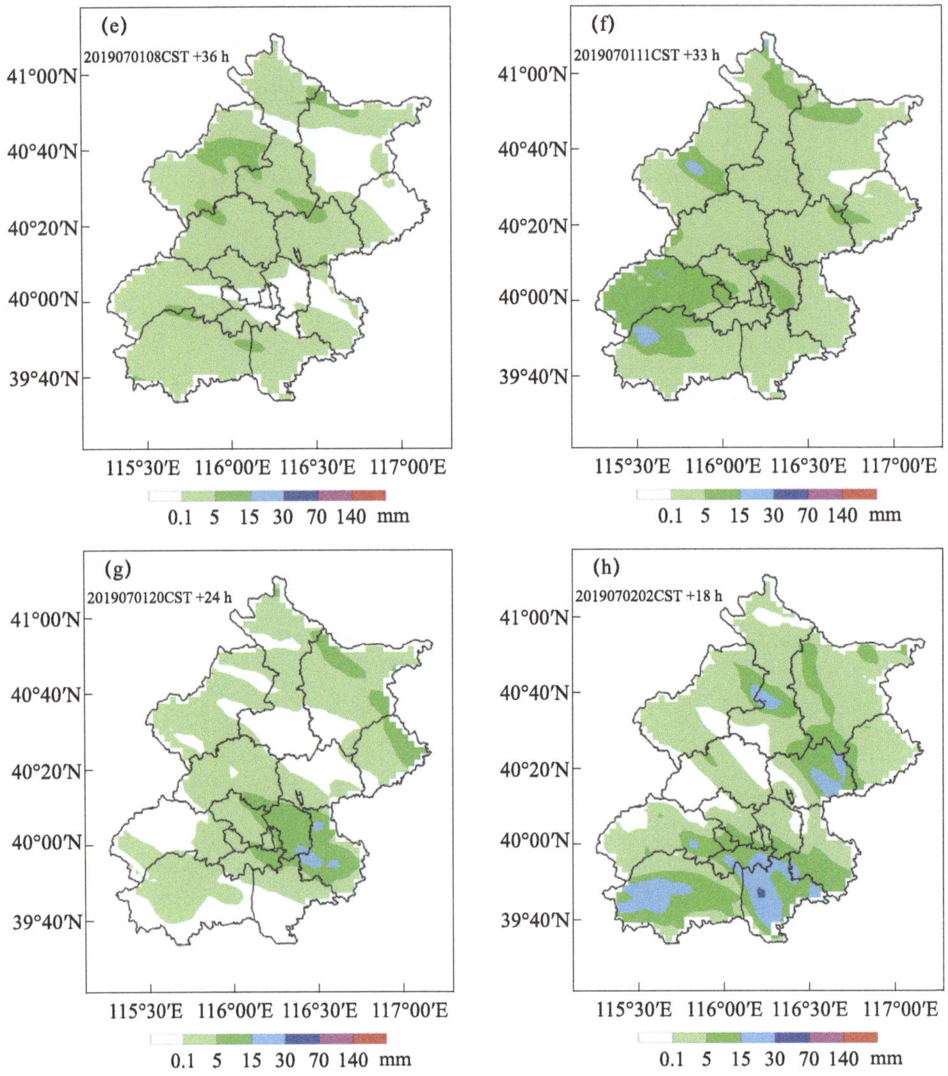

图 3.30 CMA-BJ 3 km 模式多循环预报 2019 年 7 月 2 日白天雨量

日最低气温为 25.0 ℃)，13 时 30 分—17 时 30 分，持续 4 h 达到或超过 35 ℃高温(图 3.32)。白天相对湿度较小，傍晚至前半夜相对湿度增大，气温仍然超过 30 ℃，体感由晴热转闷热，持续时间长。针对此次过程，北京市气象台提前一天发布了全市高温蓝色预警信号。

(2)天气背景

这次过程是典型的纬向环流主导下的高温天气过程。500 hPa 北京上游环流相对平直，波动较弱，以偏西气流为主。700 hPa 脊区明显增强，北京位于脊前西北气流，有利于下沉增温；并且在北京—河北南部一带有暖气团发展。6 月 12 日 08 时，北京上空 850 hPa 温度为 19 ℃，暖气团中心位于河北南部，且河北南部—北京均为一致的偏南气流，暖平流较强，因此，也导致 850 hPa 在 12 日白天增温趋势明显，超过 20 ℃(图 3.33)。

FY-4A 云图显示(图 3.34)，6 月 12 日白天，北京云量逐渐增多，但是主要分布在北京南部和北部，主城区仍然以晴为主。傍晚，北京中部云量逐渐增多，主城区由于云的影响，降温较慢，导致高温持续时间较长，闷热天气造成了一定影响。

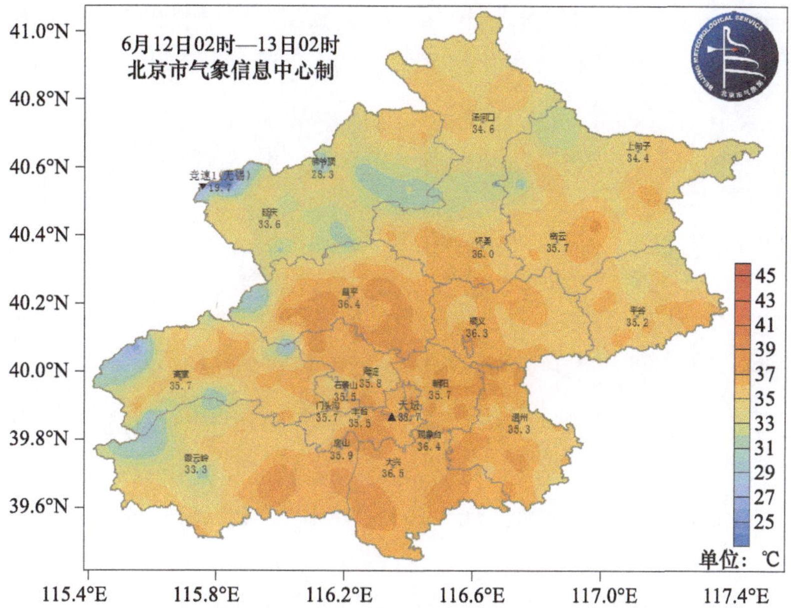

图 3.31　2021 年 6 月 12 日 02 时—13 日 02 时北京市日最高气温分布

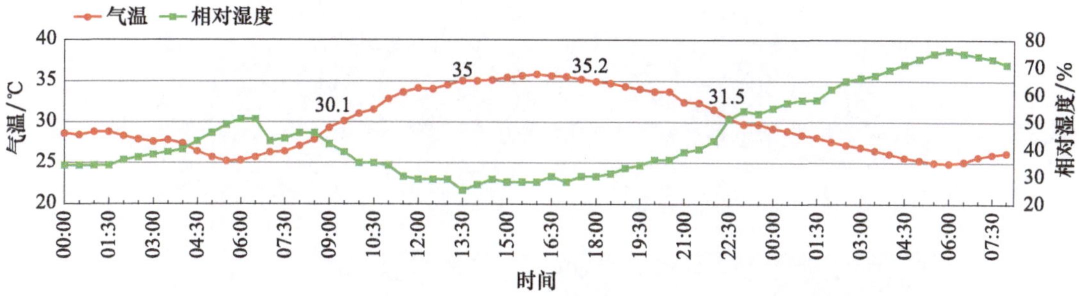

图 3.32　2021 年 6 月 12 日 00 时—13 日 08 时主城区气温和相对湿度时序

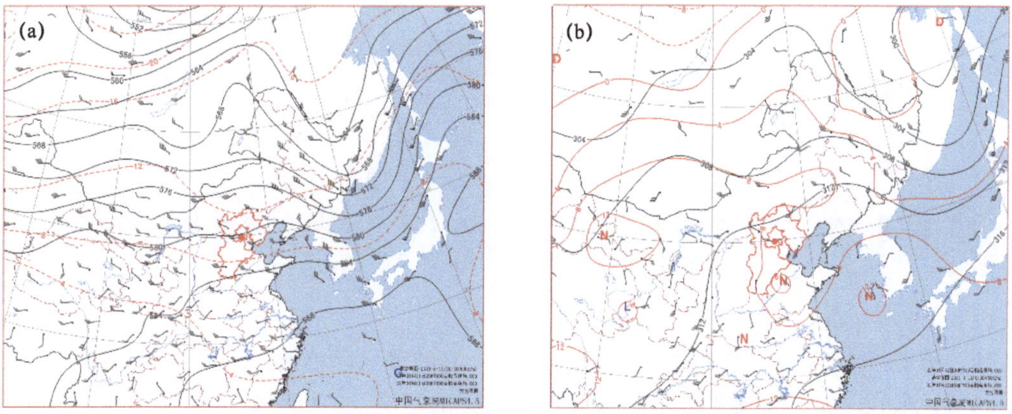

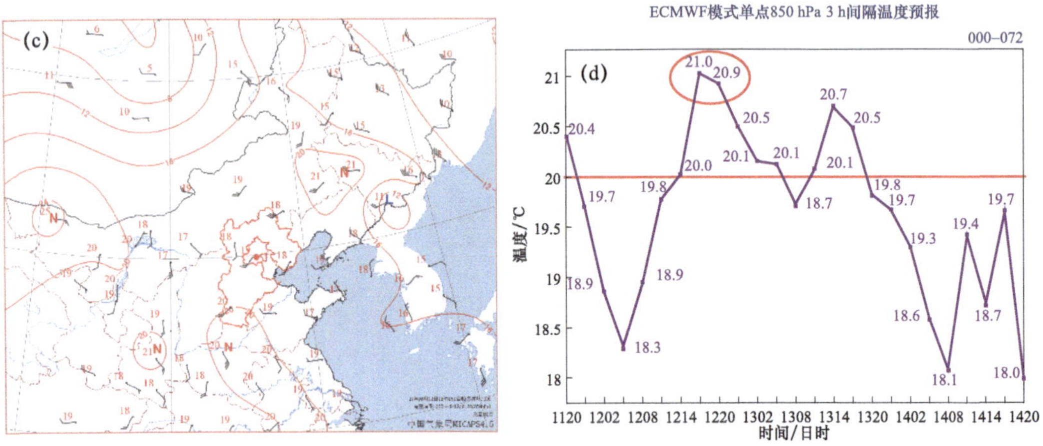

图 3.33　2021 年 6 月 12 日 20 时 500 hPa(a)、08 时 700 hPa(b)、08 时 850 hPa(c)
高空形势场和 ECMWF 模式预报 11 日 20 时—14 日 20 时北京 850 hPa 温度时序(d)

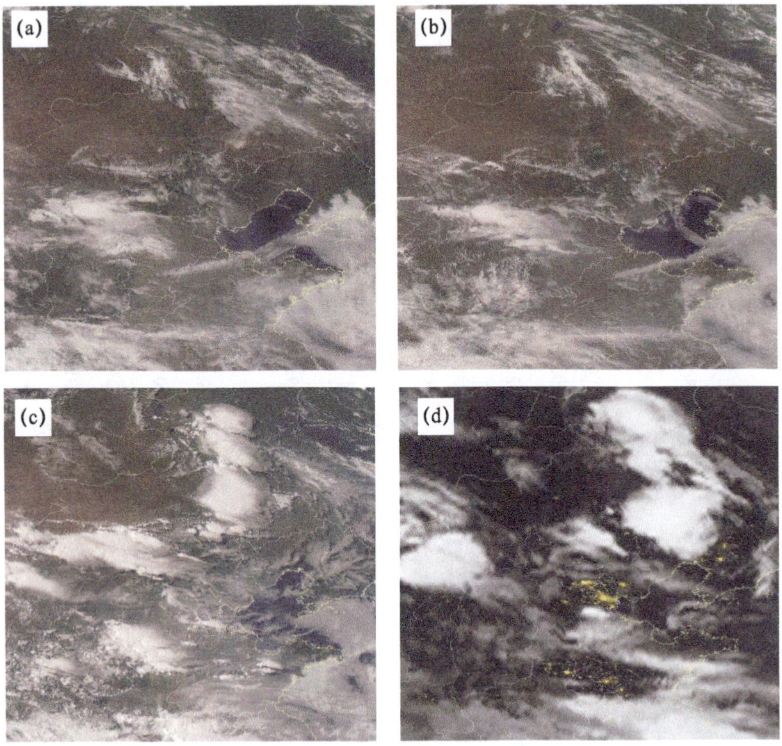

图 3.34　2021 年 6 月 12 日 09 时 30 分(a)、11 时 30 分(b)、14 时 30 分(c)和
19 时 45 分(d) FY-4A 云图(真彩色合成图)

(3)思考和总结

1)高温天气需要关注 850 hPa 是否受超过 20 ℃的暖气团控制。

2)关注低层 850 hPa 暖平流的强度对持续增暖的影响。

3)高空西北气流有利于下沉增温。

4)关注升温时段和降温时段云量的影响。此次过程升温时段为晴空,升温快;而傍晚降温时段云量增多,降温缓慢,湿度增大后造成体感闷热。

5)服务中要关注体感温度的影响。

3.3.2　2021 年 6 月 25 日雷雨大风天气

(1)天气实况

6 月 25 日 17 时—26 日 03 时,北京市出现雷阵雨天气,北部地区大雨、局地暴雨(图 3.35a),全市平均降水量 18.2 mm,最大雨强出现在密云查子沟(25 日 20—21 时,降水量 78.8 mm)。降水期间伴有雷电活动,部分地区出现了 7~9 级短时大风(图 3.35b),多地出现冰雹,最大冰雹直径达 4.5 cm(延庆站,20 时 10—20 分)。北京市气象台于 20 时 10 分起,先后发布雷电黄色、冰雹黄色、大风蓝色和暴雨蓝色预警信号。

奥体中心受雷雨影响时段为 6 月 25 日 21 时 05 分—22 时 40 分,累积降水量 8.3 mm,降雨初期出现了明显降温(20 min 降温 6.6 ℃),极大风速为 13.7 m/s(6 级),鸟巢冠顶极大风力达 8 级(图 3.35c)。

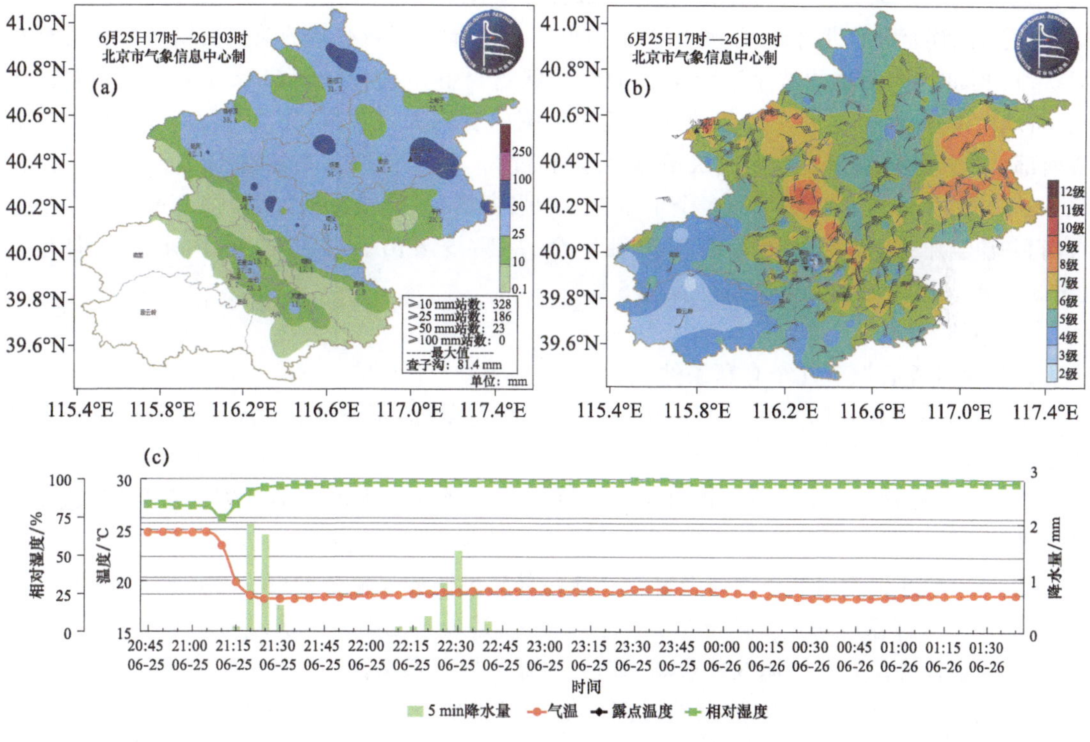

图 3.35　2021 年 6 月 25 日 17 时—26 日 03 时北京市累积降水量(a)、极大风(b)和 6 月 25 日 20 时 45 分—26 日 01 时 40 分奥体中心 5 min 降水量、温度、相对湿度时序(c)

(2)天气背景

本次过程是在 500 hPa 华北低槽配合低层偏南风的环流背景下发生的(图 3.36a)。6 月 25 日 20 时探空显示(图 3.36b),有"上干下湿"的不稳定特征,有利于雷暴大风和短时强降水的出现;适宜的 0 ℃层高度、融化层高度有利于冰雹的发生;低层东南风、高空西北风,0~6 km和 0~3 km 存在中等偏强的垂直风切变,有利于对流的组织化发展。

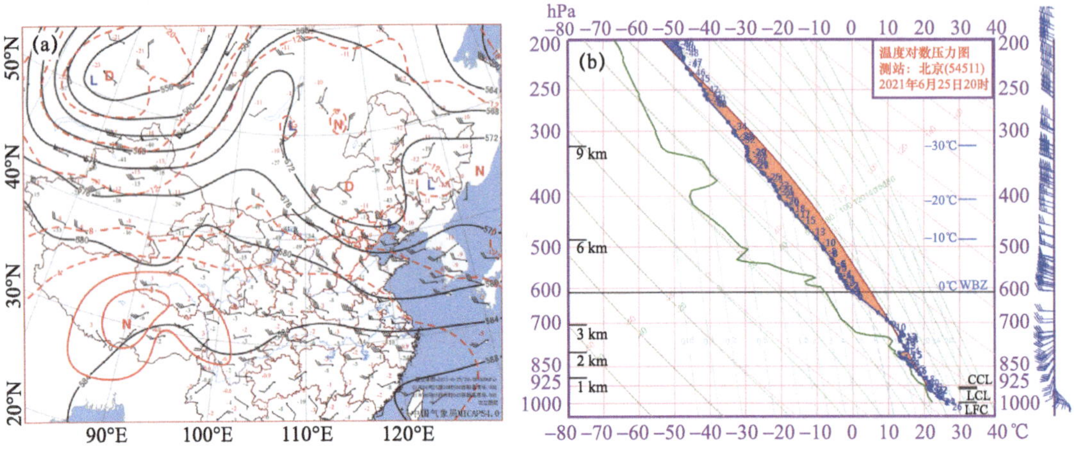

图 3.36　2021 年 6 月 25 日 20 时 500 hPa 形势场(a)和北京观象台探空(b)

(3)对流的中尺度特征

6 月 25 日 12 时，在内蒙古中部、河北北部有对流云团生成，并在午后强烈发展(图 3.37a)；18 时，对流云团移至北京北部地区(图 3.37b)，同时，云团尾部不断有新的对流云团生成并排列成线状；18 时 30 分，雷达回波呈现出典型的断线状雷暴群结构(Howard et al.，1985)，东西走向，自北向南移动，造成北京北部地区出现大范围的雷暴大风天气(图 3.37c)。飑线上，在北京西部的对流单体逐渐发展为超级单体，强度超过 65 dBZ，回波顶高超过 12 km，造成延庆出现 3.5 cm 的大冰雹。飑线上的多个单体合并后强度增强，造成冷池加强，偏北风出流与低层东南风辐合加强，辐合线附近有对流触发合并，飑线下山后移速加快，向东南方向移动(图 3.37d)。整个过程影响北京地区约 5 h。

(4)小结

1)本次过程有以下几个有利条件：

① 夏季 500 hPa 的冷中心(冷槽)造成“上冷下暖”的不稳定层结，对对流的发生至关重要。

② 其次，需要关注卫星水汽图像上的暗区和雷达径向速度图上的后侧入流急流，这 2 个监测特征同时表征中高层强干侵入，是这次上游对流触发非常有利的条件。

③ 平原地区偏南风和东南风及其与冷池前部阵风锋的强辐合，有利于飑线前侧的对流新生，也有利于对流系统快速移动下山影响平原地区，造成大范围的雷暴大风天气。

④ 强辐合的位置对于飑线的移动方向有很好的指示意义。

2)整体而言，本次过程大范围的对流出现的潜势预报相对容易，中尺度模式也可以提前 2 d预报出此次对流过程。但快速更新的中尺度模式在对流出现时间、范围和强度的预报上存在一些分歧和不确定性，并且实况单体的合并、强度以及影响落区预报，只有在临近预报中利用高时空分辨率的资料，才能分析研判和对模式进行订正。

3.3.3　2021 年 6 月 28—29 日复杂天气

(1)天气实况

6 月 28 日，北京周边(河北和天津)出现雷电，承德—秦皇岛—天津一带出现短时强降水和雷暴大风天气，局地性强(图 3.38a)。午后至前半夜，北京以多云天气为主，后半夜出现分

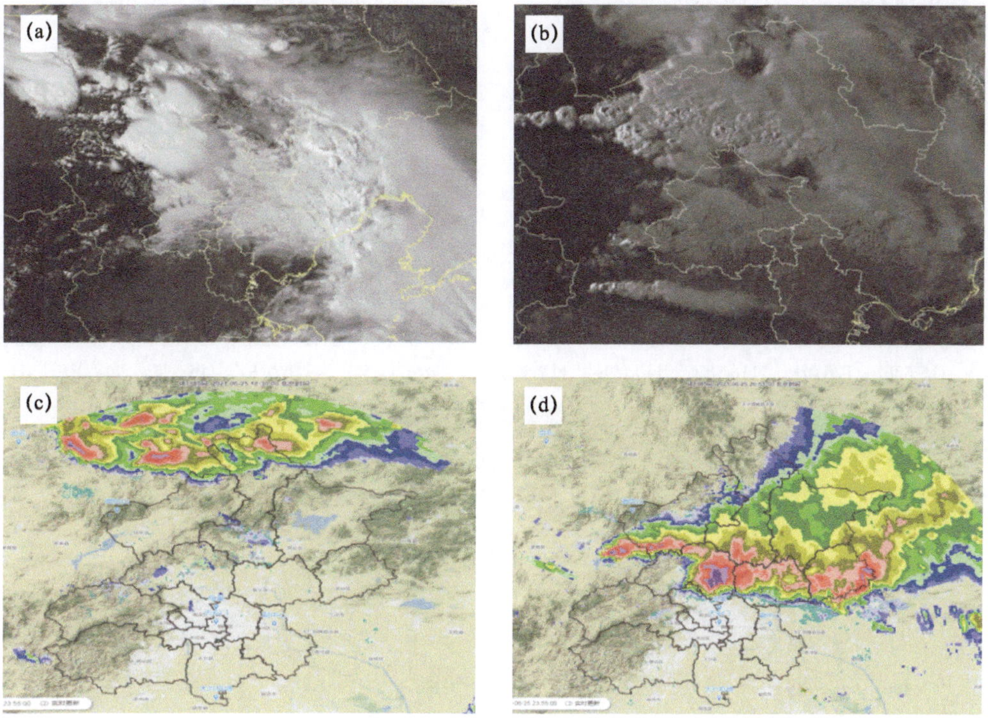

图 3.37　2021 年 6 月 25 日 12 时(a)、18 时(b) FY-4A 卫星可见光云图和 18 时 30 分(c)、20 时 51 分(d)组网雷达组合反射率因子图

散性阵雨(图 3.38c)。大部分地区最高气温在 31～33 ℃。奥体中心为多云转阴，最高气温为 33.2 ℃，19—22 时气温 30～28 ℃，相对湿度 50%～70%，体感较闷热(图 3.39a)。

受蒙古低涡影响，6 月 29 日，京津冀地区对流性天气范围较前一日明显扩大，出现了雷电、短时强降水和局地冰雹(图 3.38b)。上午，北京部分地区出现阵雨，下午到夜间出现雷阵雨，局地雨强较大，并伴有小冰雹和 6 级以上短时大风。全市平均降水量 4.3 mm，最大降水 43.2 mm(门头沟洪水口)，最大雨强 16—17 时 35.8 mm(门头沟齐家庄)(图 3.38 d)。受降雨影响，全市最高气温均在 28 ℃左右。奥体中心降雨较弱，白天以阴为主，夜间有雷阵雨天气，降水量 0.1 mm(图 3.39b)。

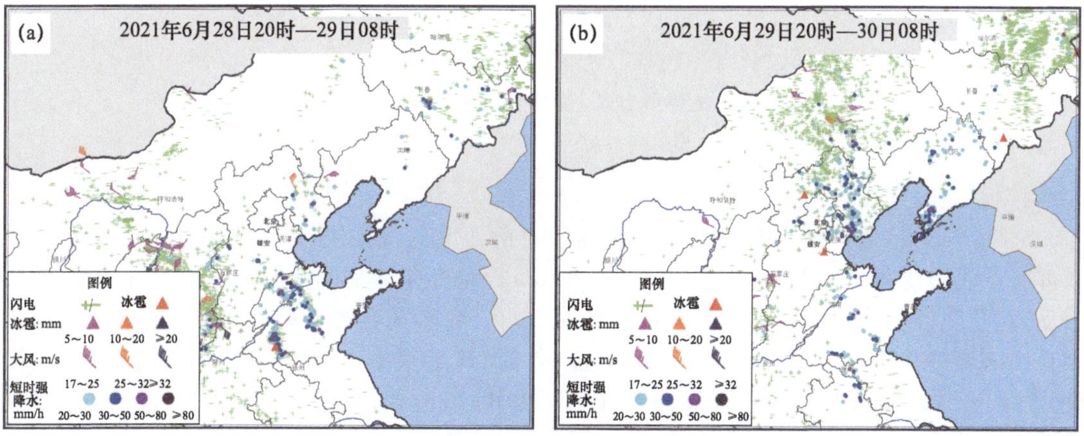

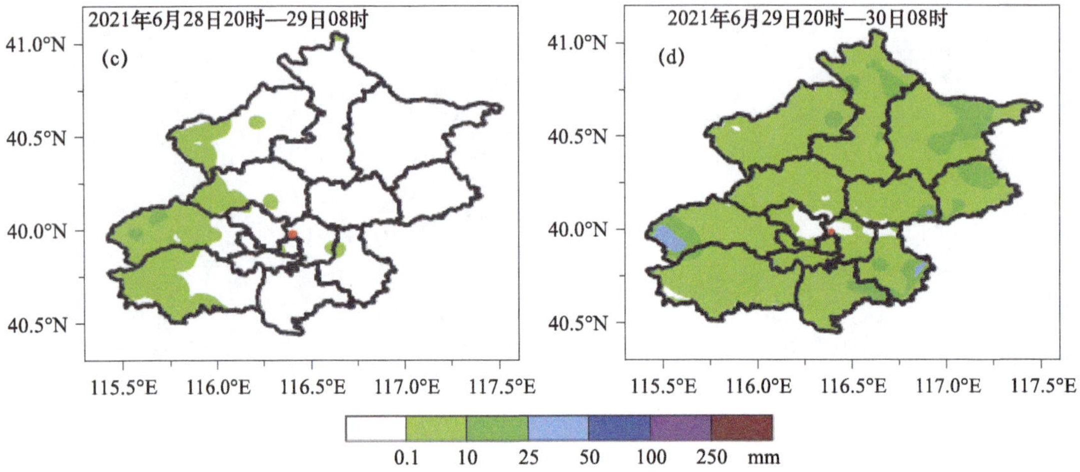

图 3.38　华北强对流天气 24 h 累计监测(a,b)、北京市累积降水量分布(c,d)

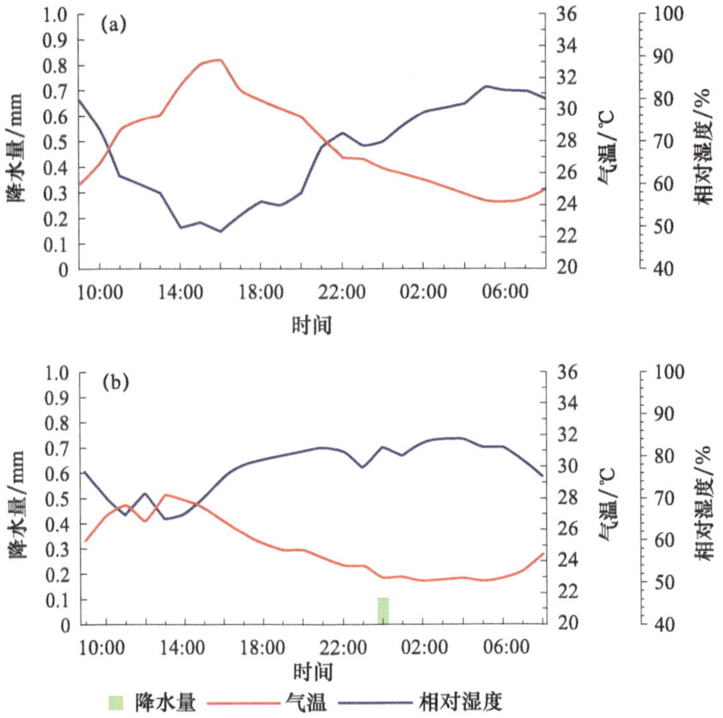

图 3.39　奥体中心逐 1 h 雨量、相对湿度和气温时序

(a)2021 年 6 月 28 日 08 时—29 日 08 时；(b)2021 年 6 月 29 日 08 时—30 日 08 时

(2)天气形势

6 月 28 日 20 时，500 hPa 北京地区受高压脊前西北气流控制，内蒙古东南部至东北地区南部有低涡切变和弱冷空气(图 3.40a)。850 hPa 至地面华北平原受偏南风影响，但暖平流不明显，且湿度较小(图略)。北京地区 CAPE 约 1060 J/kg，具有对流潜势。但是抬升凝结高度和自由对流高度位于 850 hPa 以上，高度较高，其上受偏北风影响，不利于对流发展(图 3.40b)。从地面过去 3 h 降雨分布来看，仅周边（山西、河北中南部和东北部）出现弱降雨。

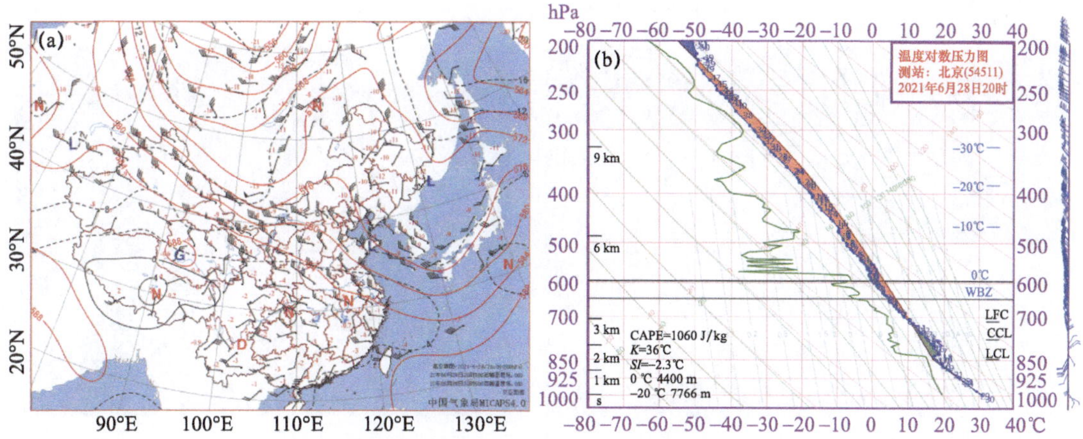

图 3.40　2021 年 6 月 28 日 20 时 500 hPa 形势场(a)和北京观象台探空(b)

6 月 29 日，大气环流发生转变。500 hPa 贝加尔湖以南高空槽加深发展成蒙古低涡，北京地区受低涡底部、高空槽前冷平流影响(图 3.41a)。850 hPa 仍然受偏南风控制，但暖平流明显增强，有“上冷下暖”热力不稳定大气层结，探空显示，CAPE 较 28 日增大，至 1494.7 J/kg，800 hPa 以下相对湿度也明显增大，为“上干下湿”的不稳定大气层结，0～6 km 垂直风切加大，有利于出现强对流天气(图 3.41b)。

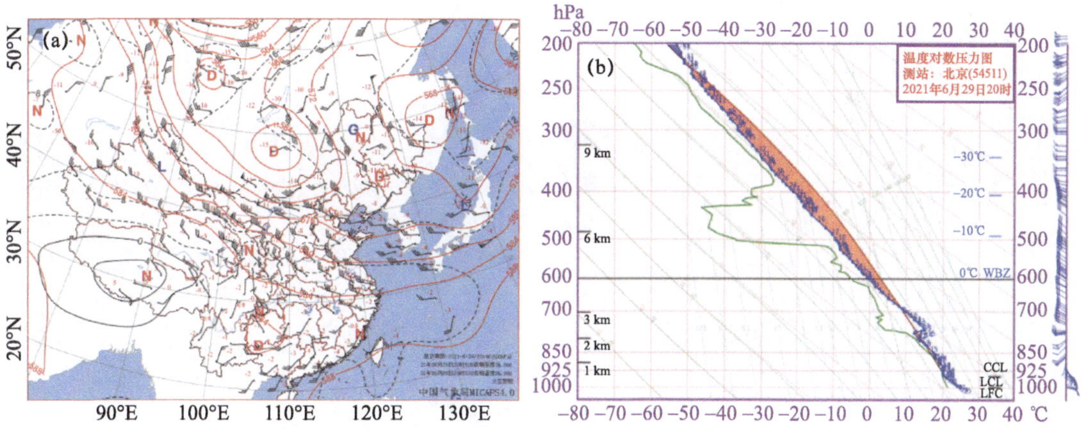

图 3.41　2021 年 6 月 29 日 20 时 500 hPa 形势场(a)和北京观象台探空(b)

(3)对流的中尺度特征

6 月 28 日下午，受华北东北部涡后弱冷空气影响，渤海湾以北有对流云团生成和发展，并逐渐向北京和天津一带移动(图 3.42a 和图 3.42b)。雷达回波上分散的对流单体向西南方向移动，接近北京东北部密云边界，在这一过程中逐渐合并为一条准线状排列的对流系统(图 3.42c 和图 3.42 d)。19 时之后，对流进入北京东北部，但 20 时单体强度明显减弱，在下山过程中减弱消失，最终对城区无明显影响(图 3.42e 和图 3.42f)。

6 月 29 日 11 时，内蒙古至黄淮地区为高空槽前及地面锋面形成的大范围带状云系(图 3.43a)。中午前后，北京外围西部、北部地区均出现雷雨云团，通州地区有局地对流触发(图 3.43c)。入夜后，随着高空槽逐渐东移，对流范围增大，强度较白天增强，出现了全市性雷雨天气(图 3.43b 和图 3.43 d)。

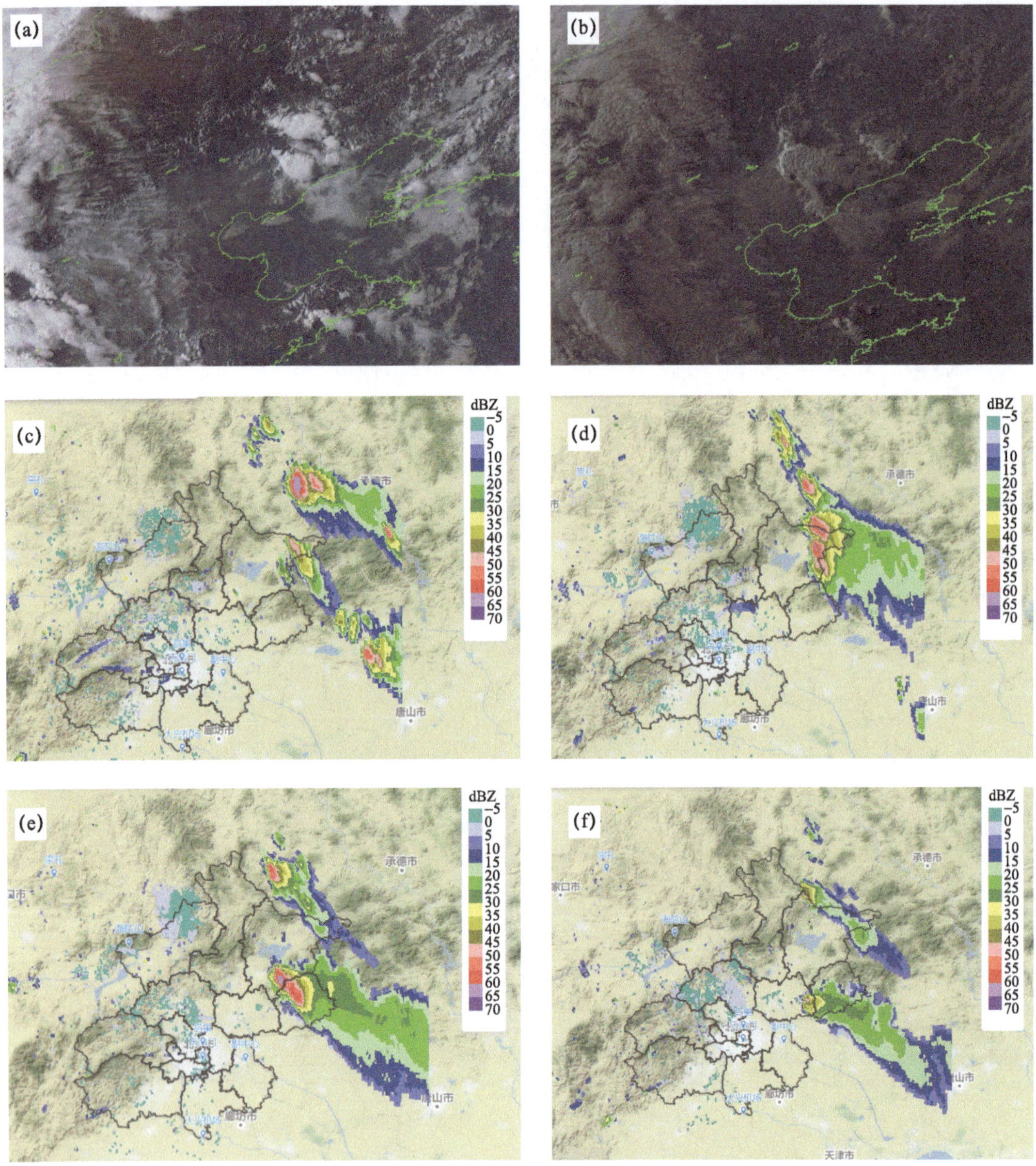

图 3.42　2021 年 6 月 28 日 16 时(a)、18 时 20 分(b)葵花卫星可见光云图和 17 时 30 分(c)、18 时 21 分(d)、19 时 30 分(e)、20 时 06 分(f)雷达组合反射率因子图

(4)强对流天气风险及可预报性分析

针对 6 月 28 日奥体中心 20—23 时是否会出现对流和降水天气，北京 CMA-BJ 3 km 模式与全球模式 ECMWF、CMA-GFS(中国气象局全球同化预报系统)等在预报结果上有较大分歧。全球模式预报均无降水；CMA-BJ 3 km 模式预报 28 日 19 时前后北京东北部有分散、孤立对流回波向西南移动(与实况图 3.42c 和图 3.42d 一致)，但是模式预报对流系统下山并恰好在 20—22 时影响北京城区(图 3.44)，较实况偏强，尤其是雷暴下山强度预报出现偏差。

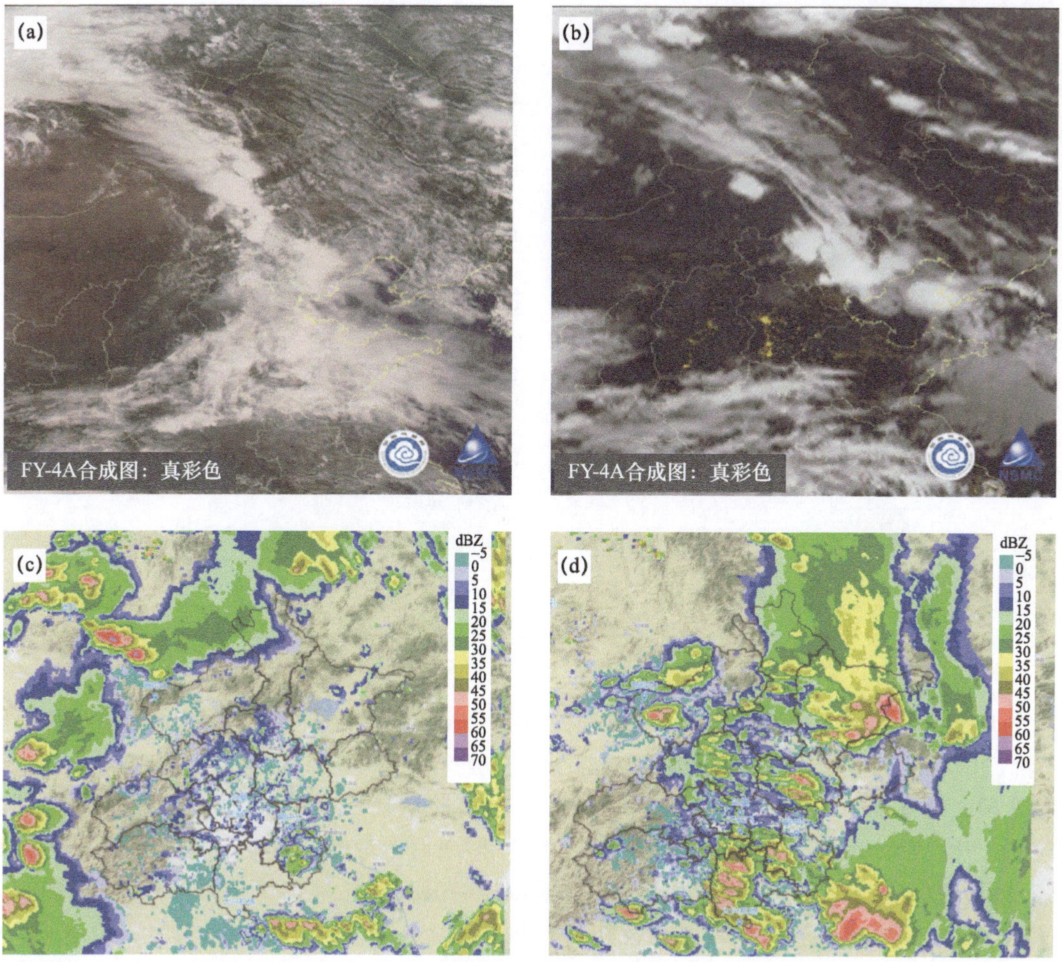

图 3.43　2021 年 6 月 29 日 11 时 40 分(a)、22 时 20 分(b)FY-4A 卫星合成图和 14 时 51 分(c)、23 时 21 分(d)雷达组合反射率因子图

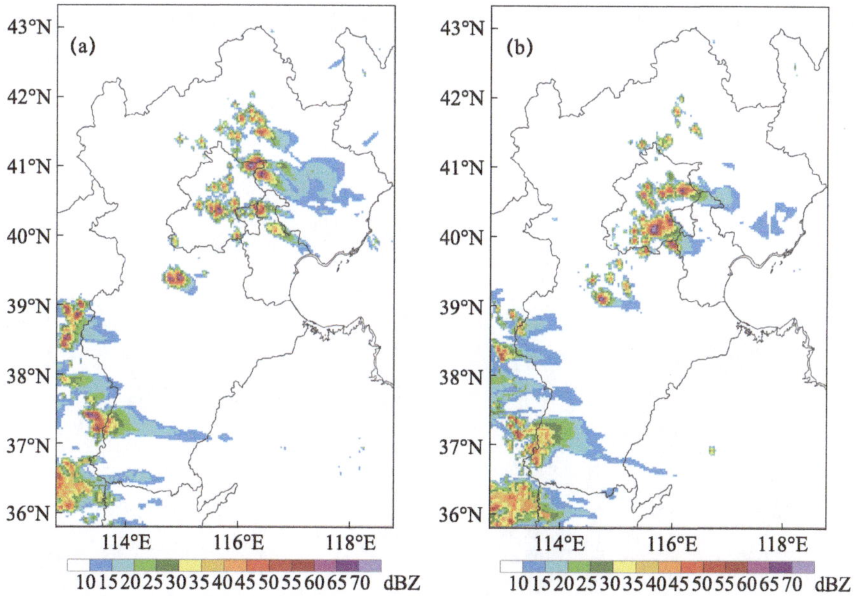

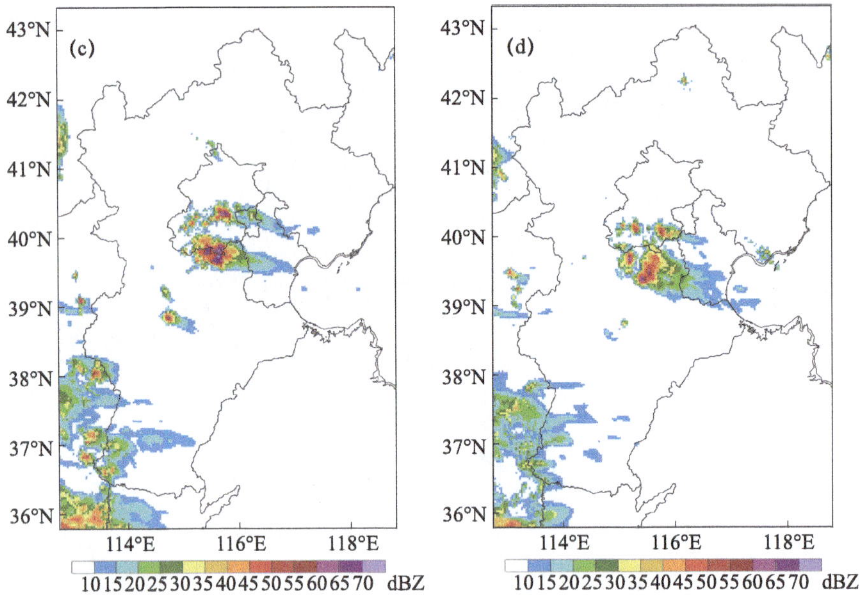

图 3.44　2021 年 6 月 27 日 CMA-BJ 3 km 模式 11 时起报的 28 日 19—22 时的华北地区雷达回波组合反射率图
(a) 19 时；(b) 20 时；(c) 21 时；(d) 22 时

6 月 27 日，为了确定 CMA-BJ 3 km 模式预报雷暴下山风险的可靠性，北京城市气象研究院首次进行了切换模式背景场资料的定制试验，分别采用 CMA-GFS、NCEP 模式替换原 ECMWF 模式背景场驱动，再次进行预报（图 3.45）。试验结果均表明，以 NCEP 模式为背景场的预报，华北东北部对流系统偏东向南移动，但 20 时之后未对奥体中心产生影响（图 3.45a 和图 3.45b）；以 CMA-GFS 模式为背景场的预报，对流在西部、北部山区发展旺盛，但同样在向南移动过程中减弱，20 时之后未对奥体中心产生影响。2 个试验结果与原 CMA-BJ 3 km 模式预报结果有非常大的不同。总体来看，以 ECMWF 模式为背景场的 CMA-BJ 3 km 模式对雷暴下山预报偏强，而以 CMA-GFS、NCEP 模式为背景场则有对流消空的效果。

此外，北京睿图-临近（RMAPS-NOW）0～2 h 预报模式也首次启动了逐小时降尺度（1 km）预报实验，对华北东北部的局地对流有比较好的体现。预报对流主体将擦过北京东部，在向天津移动时逐渐减弱（图 3.46）。实况较降尺度试验模拟结果预报的对流减弱消亡的速度更快。

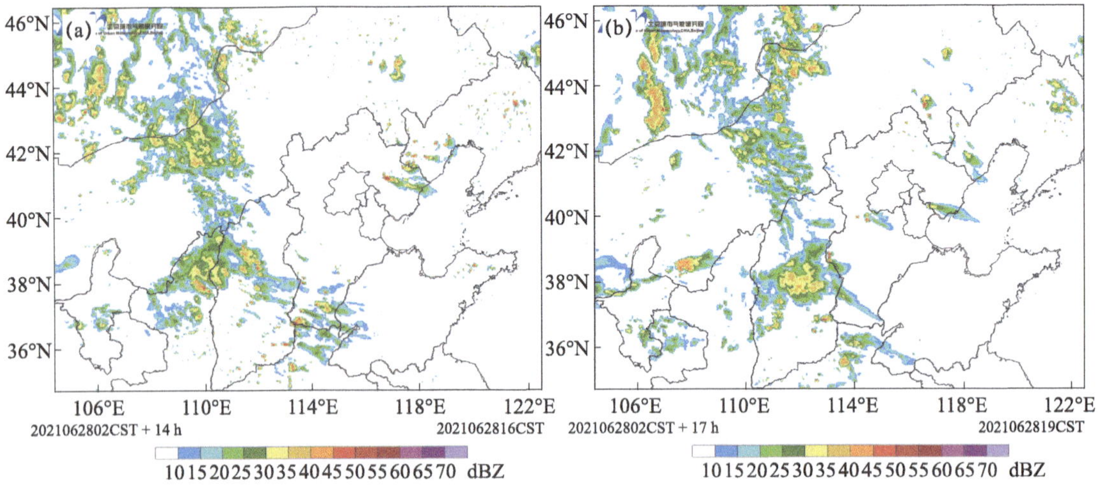

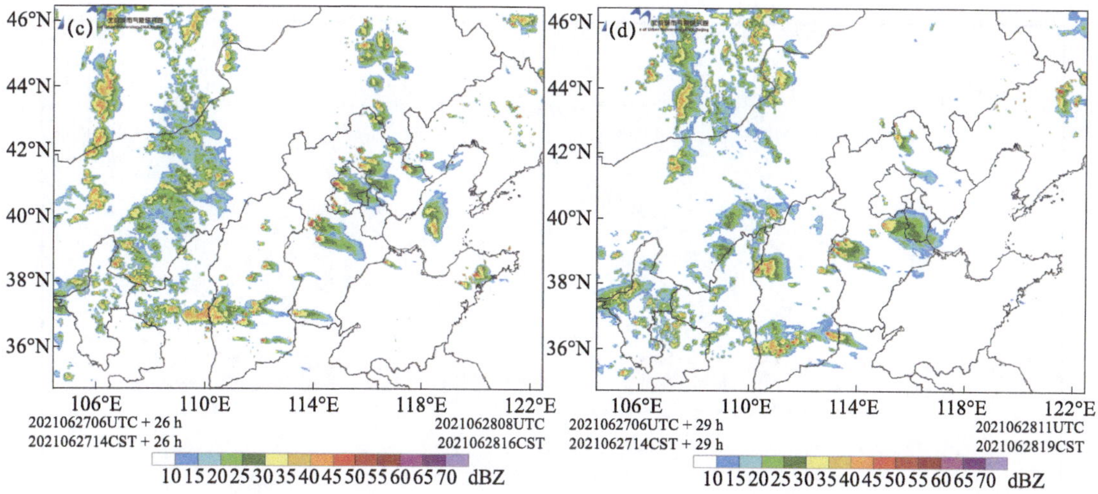

图 3.45　2021 年 6 月 28 日 02 时使用 NCEP 模式背景场(a,b)和 6 月 27 日 14 时使用 CMA-GFS 模式背景场(c,d)驱动 CMA-BJ 3 km 模式预报华北地区雷达回波组合反射率图

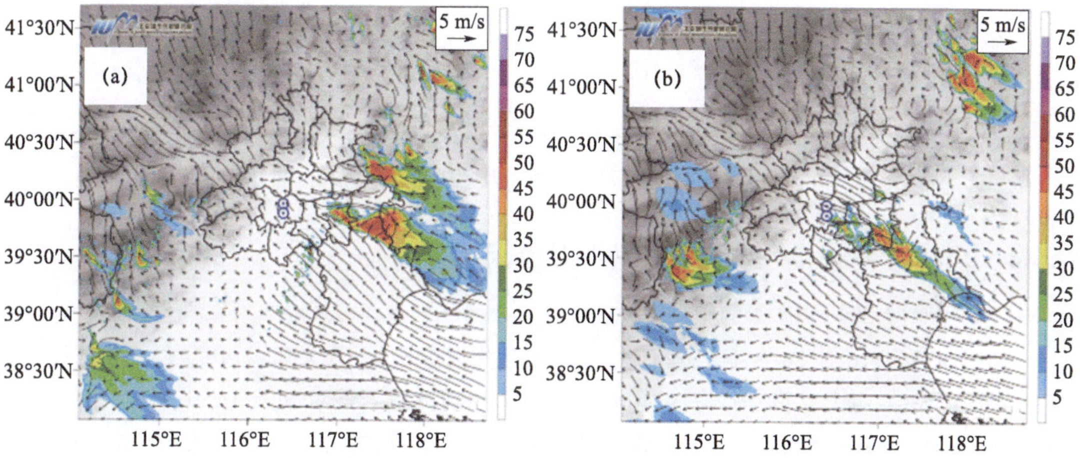

图 3.46　2021 年 6 月 28 日 19 时(a)和 20 时(b)睿图-临近模式的 1 km 分辨率降尺度预报对流和 10 m 风场

6 月 29 日，北京地区既具备对流潜势，也具备对流触发条件，全球模式均预报有降雨(图 3.47)。综合来看，28 日虽然有分散对流出现的可能，但出现在山区的可能性更大，平原地区概率较小；而 29 日具备大范围对流性天气的可能性。

(5)预报思路总结

6 月 28 日，华北东北部受涡后弱冷空气和低层切变影响，出现局地雷雨大风天气，北京地区高空处于弱脊前西北气流控制中，无明显冷空气，不利于出现大范围的对流天气。而 29 日，北京地区受加深的蒙古低涡和东移高空槽影响，有“上冷下暖、上干下湿”的不稳定层结，垂直风切变较大，CAPE 不断增大，是典型的雷雨天气出现的天气背景。

针对华北东北部雷暴向南移动下山后是否会影响奥体中心，首次利用区域中尺度短期预报模式(CMA-BJ 3 km)切换 NCEP 和 CMA-GFS 模式背景场、临近预报模式(RMAPS-NOW)，进行降尺度等数值试验，探寻强对流天气的发展演变趋势和可预报性，为作出精准预报提供了有力的科学技术支撑和可靠的临近预报参考。

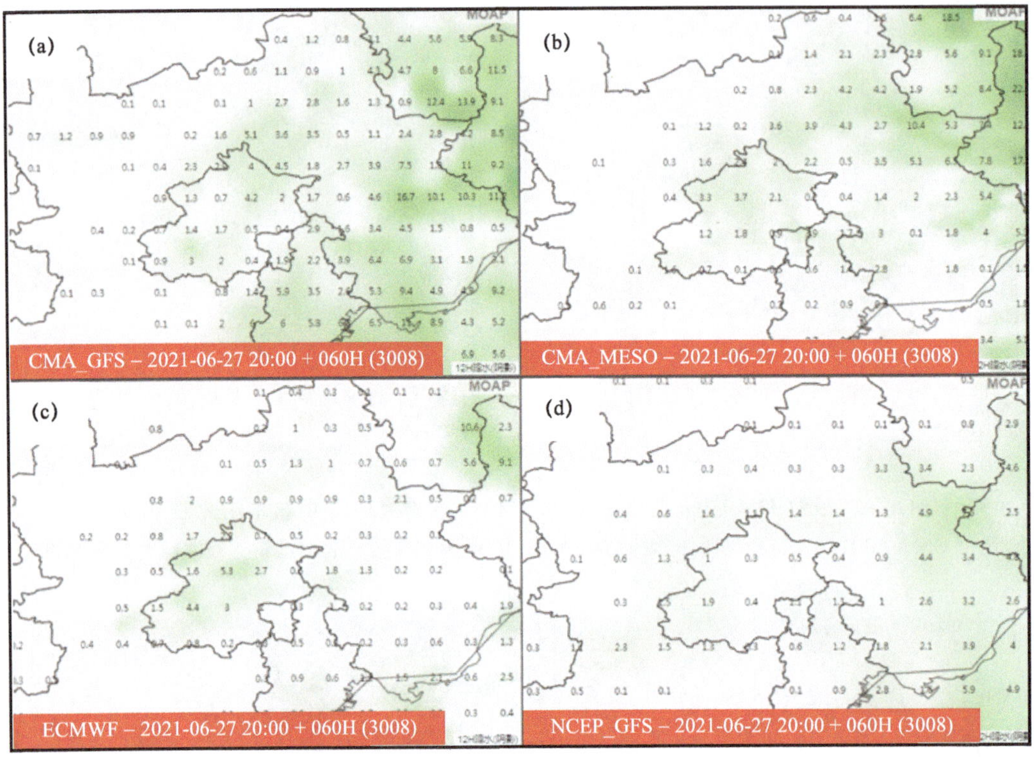

图 3.47　全球模式预报 6 月 29 日 24 h 雨量

3.3.4　2021 年 6 月 30 日雷雨大风强对流天气

(1)天气实况

受高空槽影响，6 月 30 日下午至半夜，北京出现短时暴雨、雷暴大风(7 级左右)，并且较多区(延庆、怀柔、平谷、房山、门头沟、海淀、丰台、大兴等)出现冰雹等强对流天气。6 月 30 日 13 时—7 月 1 日 01 时，全市平均降水量 3.9 mm，城区平均 5.5 mm，最大为大兴庞各庄 108.7 mm，城区最大为海淀五棵松 37.7 mm；最大雨强出现在大兴庞各庄，为 102.6 mm/h(6 月 30 日 21—22 时)(图 3.48a 和图 3.48b)。

主城区主要影响时段为 6 月 30 日 20 时 35 分—21 时 05 分，累积降水量 3.9 mm，最大 5 min降水量 1.1 mm。雷雨初期出现了明显降温(30 min 降温 6 ℃)，极大风速为 8.9 m/s (5 级)(图 3.48c)。

(2)天气背景

6 月 30 日 20 时，500 hPa 位于蒙古低涡底部，有短波槽东移，并伴有弱冷平流(图 3.49a)。探空显示，有深厚的不稳定能量，CAPE 值达 3098 J/kg；从形态上看，500 hPa 有干空气，700～850 hPa 也比较干，具有上下喇叭口特征，有利于雷暴大风的出现；0 ℃层高度 4 km，适宜发生冰雹；0～6 km 垂直风切变较弱，不利于对流的组织化发展，但是不稳定能量较大，仍有利于强单体的发生发展(图 3.49b)。

(3)对流的中尺度特征

6 月 30 日午后，河北北部有对流云团生成，并逐渐发展东移。15 时 30 分，对流云团移至北京西部、北部地区，随后在东移的过程中减弱，并未影响到城区(图 3.50a 和图 3.50 d)。18

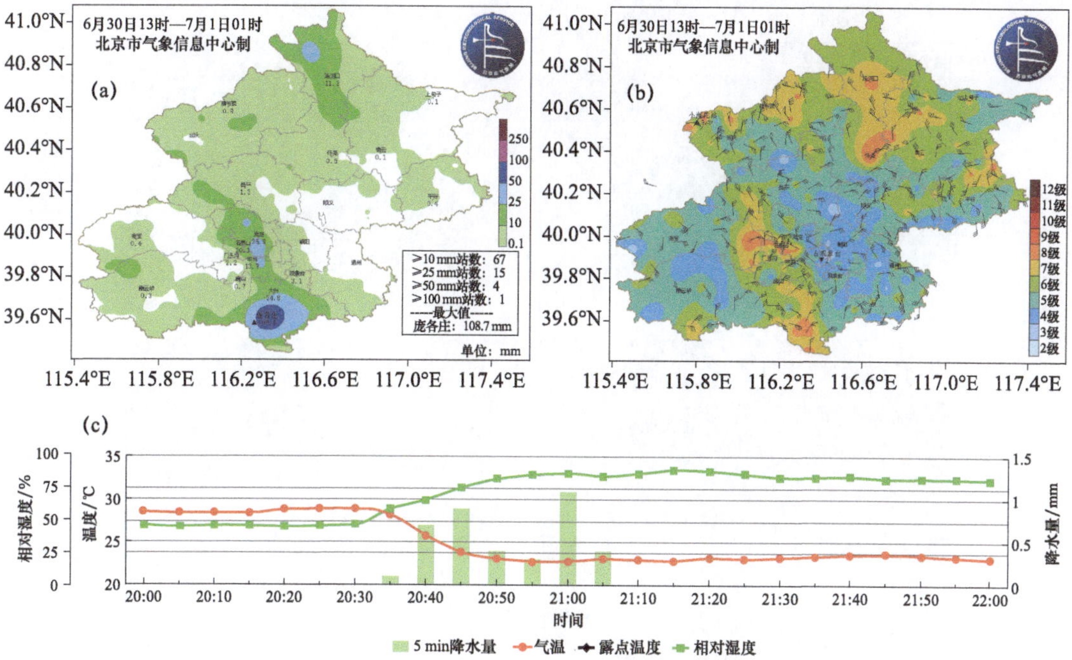

图 3.48　2021 年 6 月 30 日 13 时—7 月 1 日 01 时北京市累积降水量(a)、极大风(b)和 6 月 30 日 20—22 时主城区 5 min 降水量、气温和相对湿度时序(c)

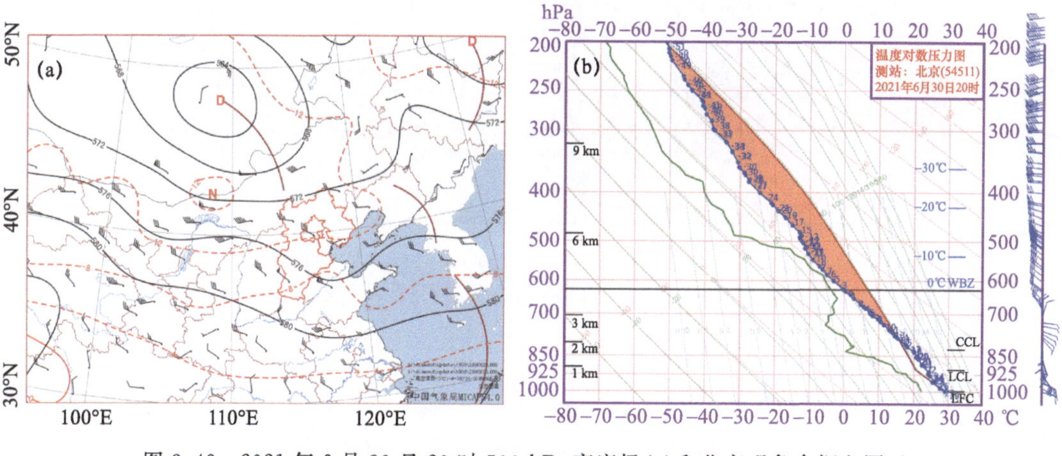

图 3.49　2021 年 6 月 30 日 20 时 500 hPa 高度场(a)和北京观象台探空图(b)

时，在河北与北京交界地区又有对流云团新生(图 3.50b)。至 19 时，对流云团移至延庆南部地区，从可见光云图上可以看出明显的上冲云顶，说明对流强烈发展(图 3.50c 和图 3.50e)。该对流单体在下山的过程中与城区的高能高湿的环境相遇，再加上低层偏东风的辐合作用，对流云团进一步发展为超级单体和中尺度对流系统(MCS)，导致其影响路径上出现大范围的雷暴大风和冰雹天气(图 3.50 d 和图 3.50f)。

(4)边界层变化

强对流天气发生后，深厚的垂直对流破坏了大气边界层较为稳定的高湿环境。从云高仪上看(图 3.51)，21 时之后，大气垂直扩散条件明显转好，发生明显降雨的区域近地面能见度在雨后也迅速转好。

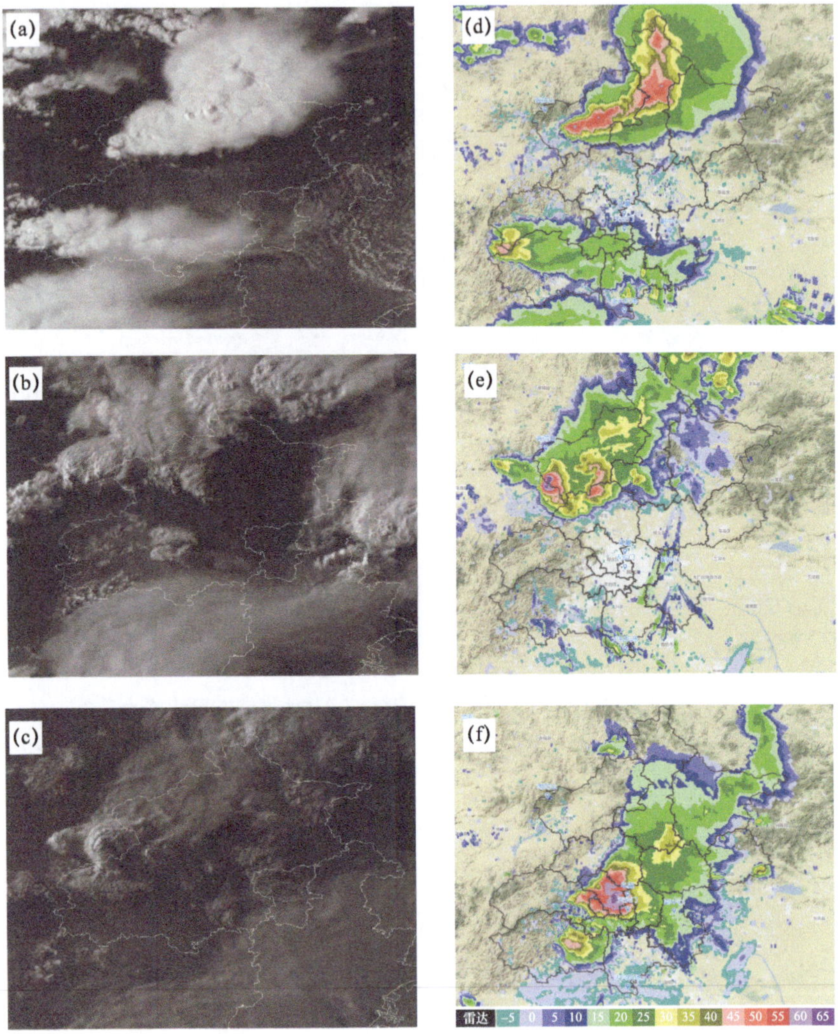

图 3.50　2021 年 6 月 30 日 15 时 30 分(a)、18 时(b)、19 时(c)FY-4B 卫星可见光云图和 15 时 30 分(d)、19 时(e)、20 时(f)雷达组合反射率因子图

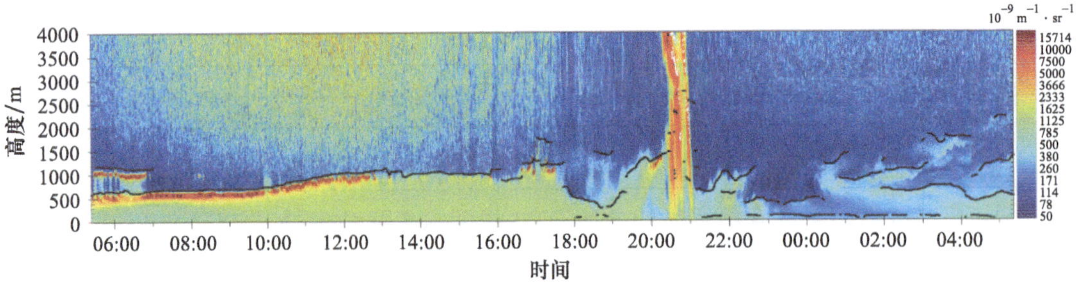

图 3.51　2021 年 6 月 30 日 05 时 23 分—7 月 1 日 05 时 23 分朝阳站云高仪监测

(5)预报思路总结

本次过程处于低涡底部有利的大尺度不稳定背景下，雷暴的触发机制相对较弱。因此，虽然中尺度模式预报出会有强单体影响，但对其影响时间以及位置仍存在明显偏差。从实况与模式预报的地面风场上看，模式预报西部的对流触发后，城区迅速转为偏北风影响；而实况则

为偏东风一直维持，有利于雷暴下山影响城区。因此，在实际预报中应当多关注实况分析及模式预报偏差，及时调整预报结果。

此外，深厚湿对流影响过后，局地明显的降雨和短时大风有利于一定范围内雾和霾天气的减弱消散，是能见度转好的有利条件。

参考文献

符娇兰，陈双，沈晓琳，等，2019. 两次华北冷涡降水成因及预报偏差对比分析[J]. 气象，45(5)：606-620.

章丽娜，王秀明，熊秋芬，等，2014. “6·23”北京对流暴雨中尺度环境时空演变特征及影响因子分析[J]. 暴雨灾害，33(1)：1-9。

HOWARD B B, MICHAEL H J, 1985. Formation of mesoscale lines of pirecipitation: severe squall lines in Oklahoma during the Spring[J]. Journal of the Atmospheric Sciences, 42(16): 1711-1732.

WILSON J W, YERONG F, MIN C, et al, 2010. Nowcasting challenges during the Beijing Olympics: Successes, failures and implications for Future Nowcasting Systems[J]. Weather and Forecasting, 25(6): 1691-1714.

第 4 章　模式预报检验

本章主要对于集合预报、CMA-GEPS(中国气象局全球集合预报系统)、ECMWF 全球确定性模式以及北京高分辨率区域中尺度模式(CMA-BJ)和集成模式(睿图-睿思,RMAPS-RISE),进行降水、气温的预报效果主客观检验。

4.1　集合预报中期气温及降水检验

4.1.1　数据和检验方法

(1)数据

选取北京 20 个国家站作为检验对象,其中,城区以北京观象台、海淀、朝阳、丰台和石景山 5 站表征。检验要素为气温和降水,检验时效为 5～15 d,检验时段为 2017—2020 年 6 月 1 日—7 月 10 日。使用的资料包括:1991—2020 年 6 月 1 日—7 月 31 日北京地区 20 站的逐时气温和降水观测数据;每日 08 时和 20 时发布的 CMA-GEPS 模式集合预报、ECMWF 模式集合和控制预报的气温和降水产品(空间分辨率为 0.5×0.5°,时间分辨率为 12 h)。利用双线性(气温)和临近点(降水)插值法,将模式产品插值到观测站点进行检验。

(2)检验方法

对气温的模式预报结果,开展平均绝对误差检验、平均误差检验以及≤2 ℃预报准确率检验。

平均绝对误差(T_{MAE}):

$$T_{\mathrm{MAE}} = \frac{1}{N}\sum_{i=1}^{N} |F_i - O_i| \tag{4-1}$$

平均误差(T_{ME}):

$$T_{\mathrm{ME}} = \frac{1}{N}\sum_{i=1}^{N} (F_i - O_i) \tag{4-2}$$

≤2 ℃预报准确率(T_2):

$$T_2 = \frac{N_2}{N} \tag{4-3}$$

其中,N 为样本总数,F_i 为预报气温,O_i 为实况气温,N_2 为 $|F_i - O_i| \leqslant 2$ ℃的样本数。

对降水的模式预报结果开展晴雨准确率、≥0.1 mm TS 评分以及偏差检验。

晴雨准确率(PC):

$$PC = \frac{N_A + N_D}{N_A + N_B + N_C + N_D} \tag{4-4}$$

≥0.1 mm TS 评分:

$$\mathrm{TS} = \frac{N_A}{N_A + N_B + N_C} \tag{4-5}$$

≥0.1 mm 降水偏差：

$$\text{BIAS}=\frac{N_A+N_B}{N_A+N_C} \tag{4-6}$$

其中，N_A 为有降水预报正确站样本数，N_B 为空报站样本数，N_C 为漏报站样本数，N_D 为无降水预报正确站样本数。

4.1.2　气温预报效果检验

(1)北京地区 20 站预报效果检验

图 4.1 为 CMA-GEPS 模式集合平均、ECMWF 模式集合平均和控制预报的北京地区气温平均绝对误差和≤2 ℃预报准确率随预报时效的变化。3 个产品的气温平均绝对误差随预报时效的延长均增大，预报准确率明显下降，在 11～15 d，时效趋于稳定。在 5～10 d 时效上，ECMWF 模式集合平均的平均绝对误差在 2.0～2.5 ℃，准确率在 0.5～0.6；CMA-GEPS 模式集合平均的平均绝对误差在 3.0～3.5 ℃，准确率在 0.35～0.40。在 11～15 d 时效上，ECMWF 和 CMA-GEPS 模式集合平均的平均绝对误差分别为 2.7 ℃和 3.3 ℃左右，准确率分别为 0.43 和 0.36 左右。ECMWF 模式控制预报的效果处于两者之间。由此可见，ECMWF 模式集合平均对北京地区中长期时效的气温预报效果相对最优。

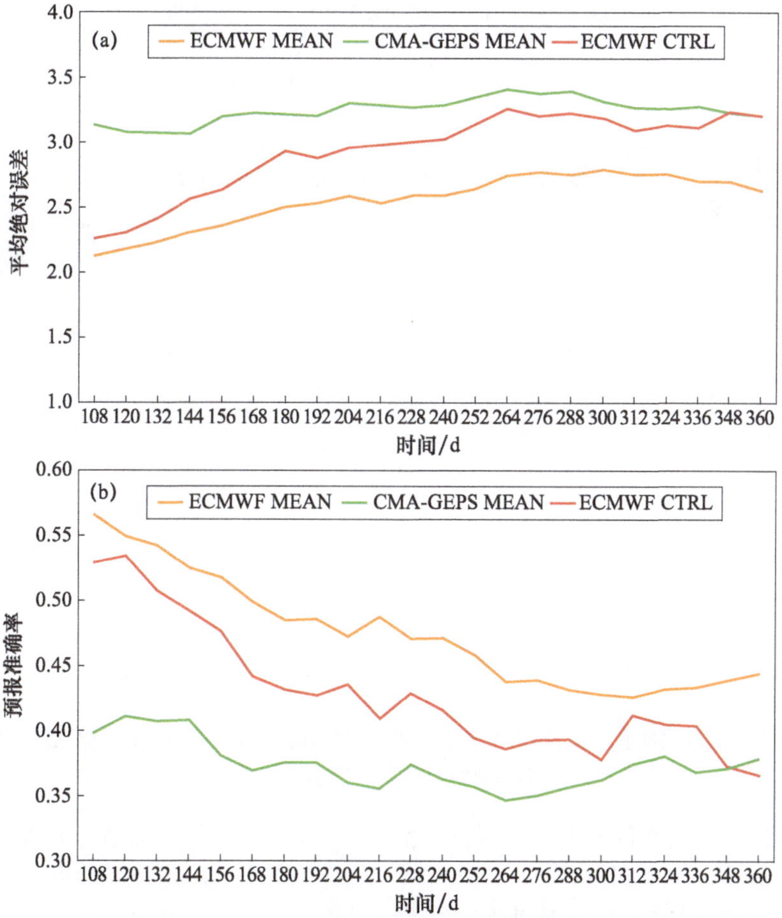

图 4.1　CMA-GEPS 模式集合平均、ECMWF 模式集合平均和控制预报的北京地区气温平均绝对误差(a)和≤2 ℃预报准确率(b)随预报时效变化图

为了进一步分析各产品预报效果在检验时段的变化特征，图 4.2 给出了 CMA-GEPS 模式集合平均、ECMWF 模式集合平均和控制预报的北京地区气温平均绝对误差和≤2 ℃预报准确率在检验时段的逐日变化。由图可见，3 个产品的平均绝对误差随时间先增大后减小，预报准确率随时间先减小后增大，在 6 月中旬效果相对最差。整体来看，ECMWF 模式集合平均的预报效果在整个时段相对最优。

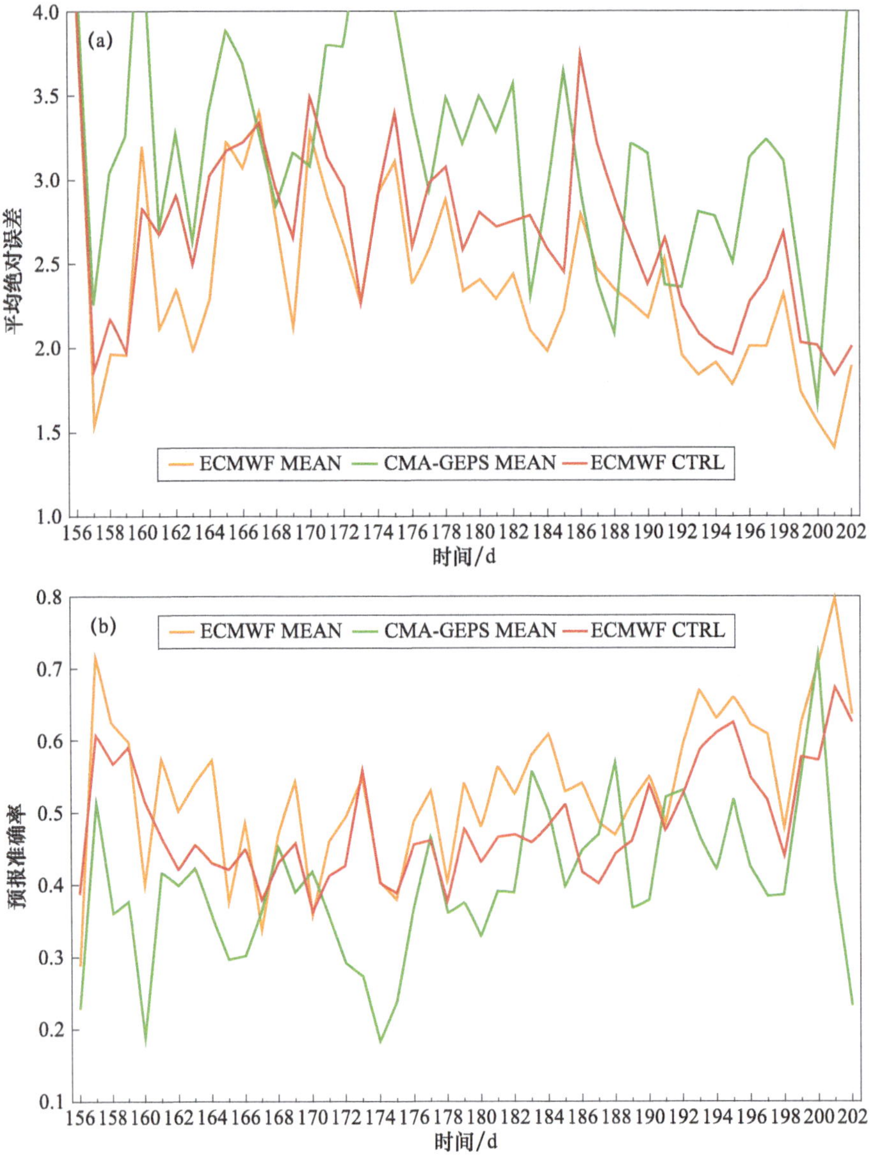

图 4.2　CMA-GEPS 模式集合平均、ECMWF 模式集合平均和控制预报的北京地区气温平均绝对误差(a)和≤2 ℃预报准确率(b)逐日变化图

图 4.3 给出了各产品的气温平均误差的空间分布图，以分析集合预报产品对北京地区气温的空间预报能力。除个别点外，ECMWF 和 CMA-GEPS 模式集合平均以及 ECMWF 模式控制预报的气温整体偏低，并且平原地区的平均误差低于山区。从城区的预报效果来看，ECMWF 模式集合平均在城区预报的气温一致偏低，效果好于 CMA-GEPS 模式；ECMWF 模式

控制预报在城区以偏低为主，个别点偏高。

另外，从逐年演变来看，ECMWF 模式集合平均和控制预报的气温平均误差随年份增加逐渐减小，而 CMA-GEPS 模式集合平均的误差则有所增大(图 4.4)。

(2)城区气温预报效果检验

图 4.5 进一步给出了城区 5 站的平均绝对误差、预报准确率以及平均误差的变化。由图可见，各家产品在城区的预报效果变化特征与图 4.1 中类似，均随预报时效的延长而降低。从平均绝对误差和预报准确率指标来看，集合平均对城区气温预报效果略优于全市平均，各产品均低估了城区的气温，其中，ECMWF 模式集合平均偏低 0.5～1.0 ℃。

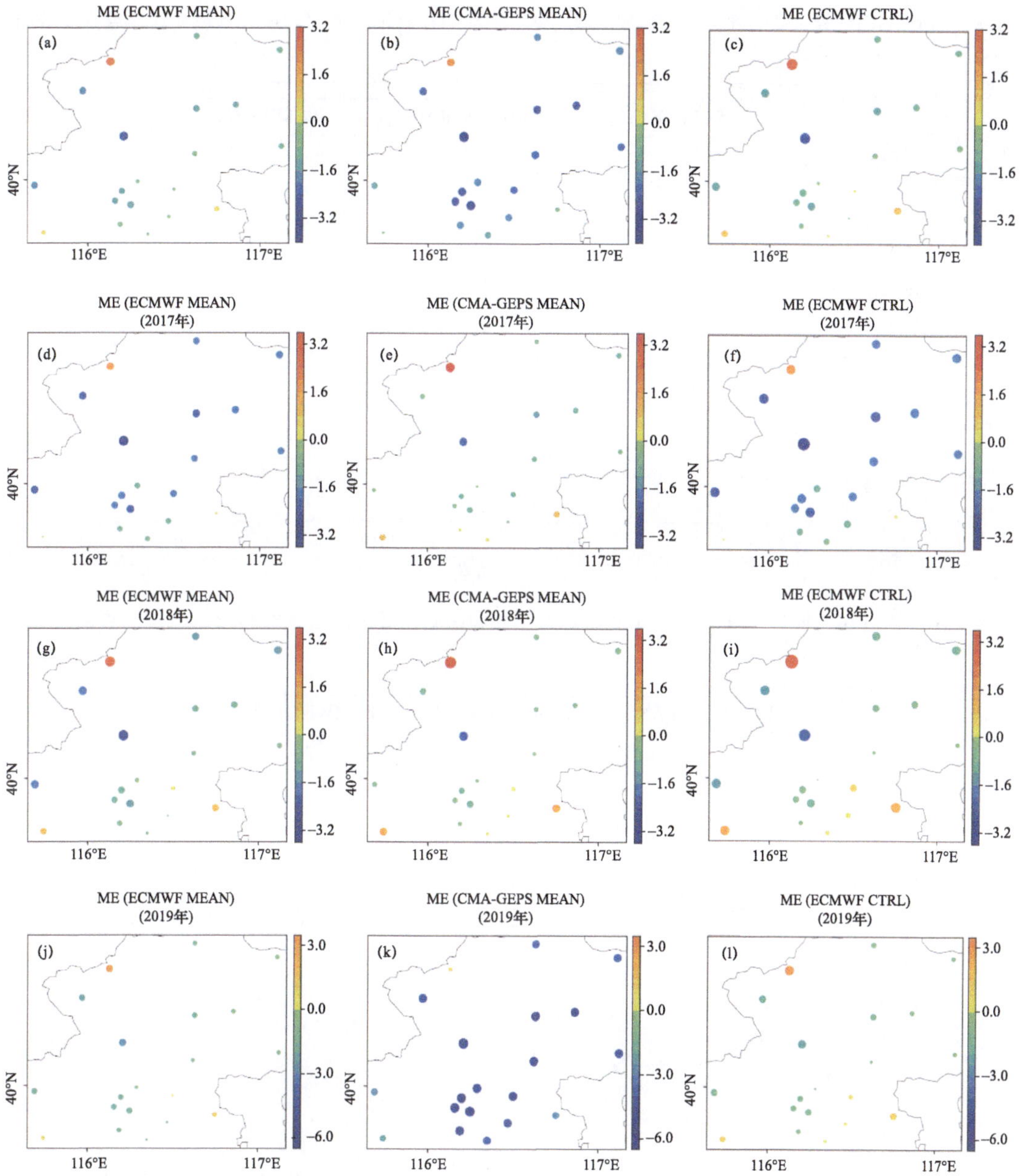

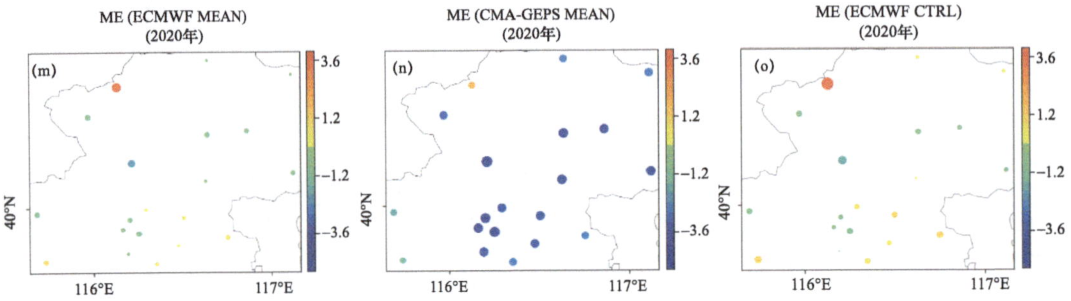

图 4.3　CMA-GEPS 模式集合平均、ECMWF 模式集合平均和控制预报的北京地区气温平均误差空间分布图

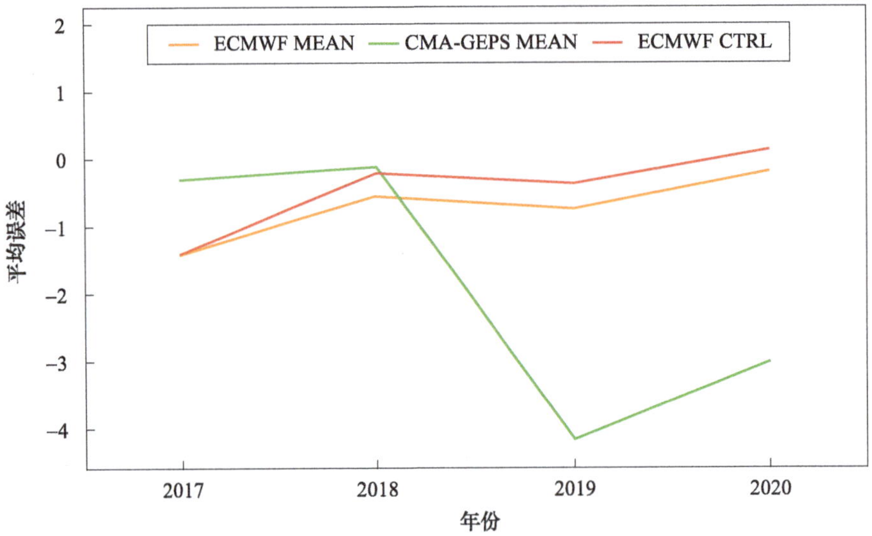

图 4.4　GRAPES 模式集合平均、ECMWF 模式集合平均和控制预报在 2017—2020 年的气温平均误差序列图

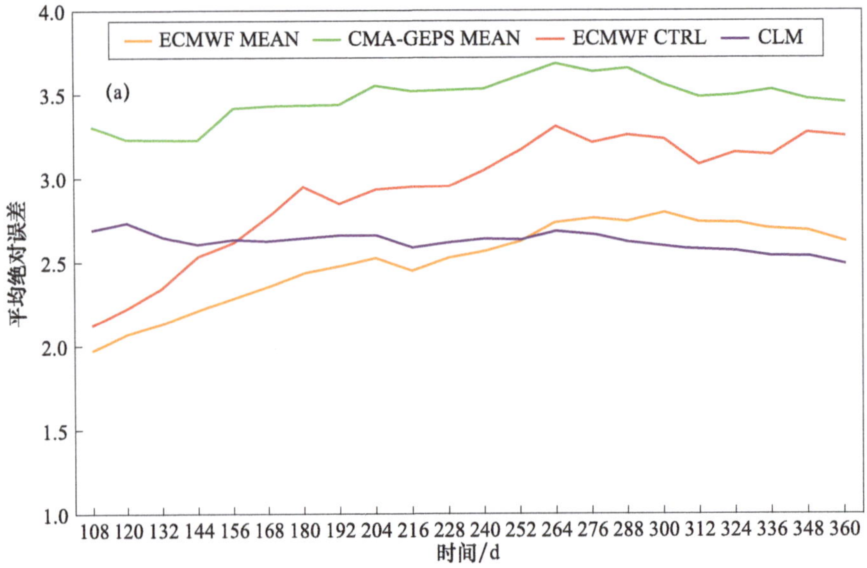

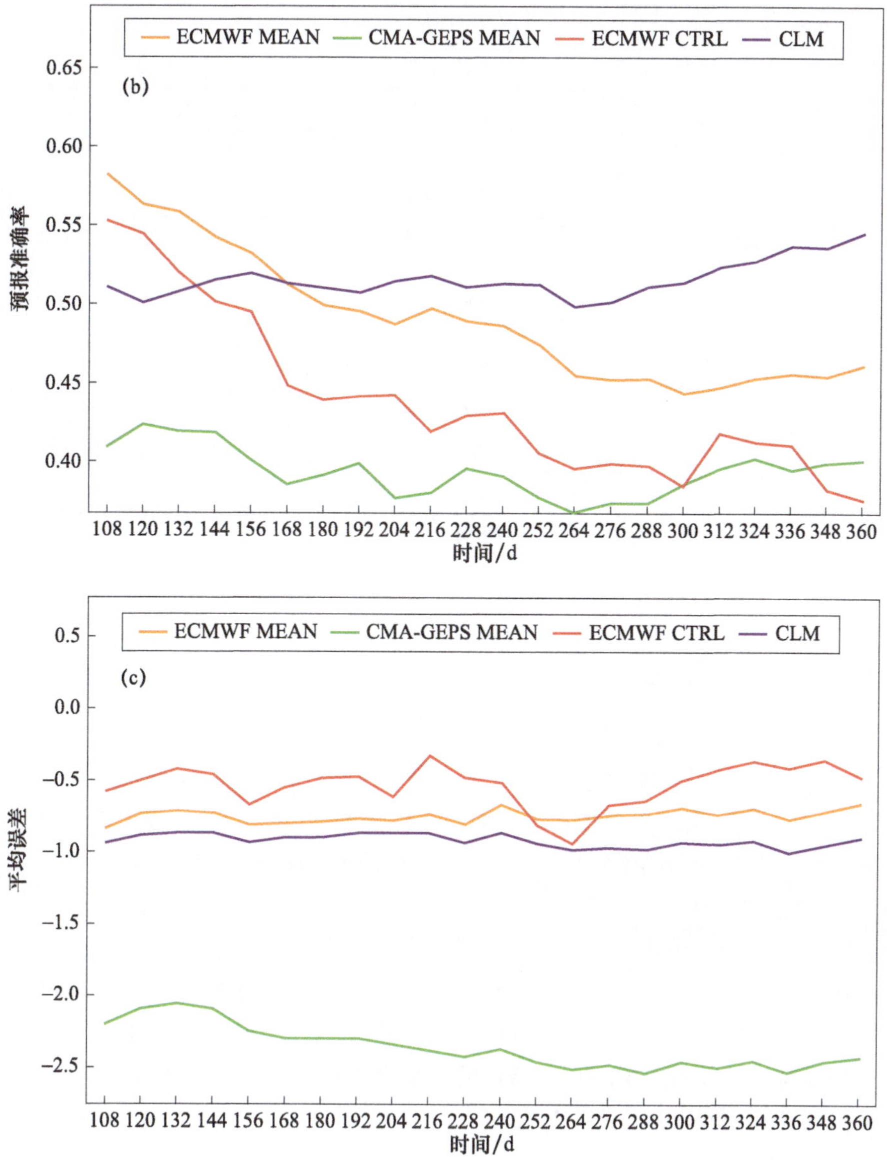

图 4.5 CMA-GEPS 模式集合平均、ECMWF 模式集合平均和控制预报以及气候态序列预报(CLM)的北京地区气温的平均绝对误差(a)、≤2 ℃预报准确率(b)以及平均误差(c)随预报时效变化图

另外，将检验时段 30 a 平均的实况气温序列作为对照实验，用于对比分析各家产品的预报效果。从平均绝对误差和预报准确率指标来看，ECMWF 模式集合平均在 5～10 d 的预报效果优于气候态，而在 11～15 d 时效的预报效果比气候态差，其他 2 个产品的预报效果均比气候态差。这说明从定量检验结果来看，各家产品在 11～15 d 时效的预报效果均比较有限。

(3)高温过程预报效果检验

在北京地区整体气温检验评估的基础上，进一步分析集合预报产品对检验时段高温过程的预报能力。根据统计 2017—2019 年检验时段北京城区高温出现时间(表 4.1)，评估各产品对高温的预报效果。

表 4.1　2017—2019 年检验时段的北京城区高温

年份	日期	最高气温/℃
2017	6 月 27 日	35.2
	6 月 30 日	35.6
	7 月 1 日	35.9
2018	6 月 20 日	36.9
	6 月 23 日	36.2
	6 月 24 日	35.0
	6 月 28 日	36.3
	6 月 30 日	36.3
2019	6 月 20 日	35.7
	6 月 22 日	35.3
	6 月 23 日	35.6
	6 月 24 日	37.0
	7 月 3 日	36.8
	7 月 4 日	38.1
	7 月 5 日	35.9

图 4.6 给出了集合平均以上高温个例的平均绝对误差、≤2 ℃预报准确率以及平均误差随预报时效的变化。由图可见，集合平均不如 ECMWF 模式控制预报，其预报效果相对较差。在 5～10 d时效上，ECMWF 模式集合平均的平均绝对误差在 3.5～5.5 ℃，偏差在 2.0～4.5 ℃，预报准确率在 0.05～0.25；CMA-GEPS 模式集合平均的平均绝对误差在 4.0～6.5 ℃，偏差在 3.0～5.5 ℃，预报准确率在 0.0～0.4。

为了更加详细地分析模式产品对高温过程的预报效果，分别给出 2017—2019 年高温个例期间的气温演变。图 4.7 为 2017 年 6 月 27 日—7 月 1 日北京观象台观测及预报的气温时序图。由图可见，集合平均基本上对高温存在低估的现象；在 5～7 d 时效上，CMA-GEPS 模式集合平均预报误差在 2 ℃及以内，ECMWF 模式集合平均预报误差基本在 3 ℃以上，ECMWF 模式控制预报误差相对小一些，在 3 ℃左右。

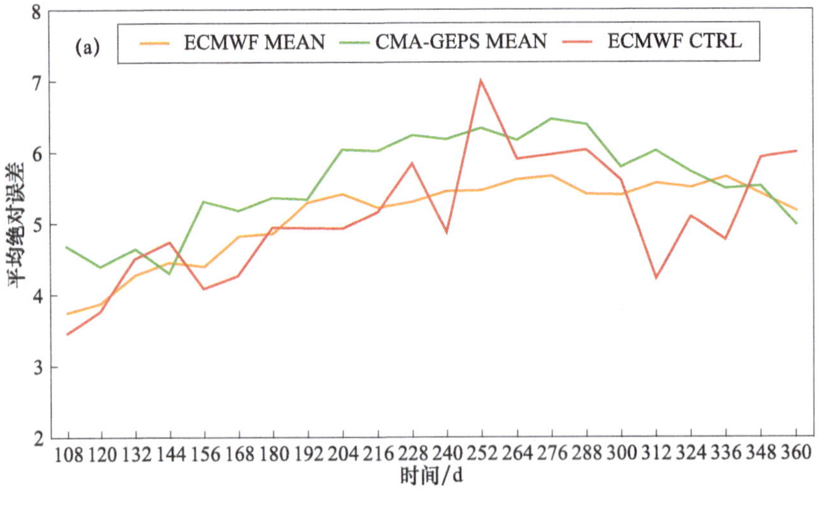

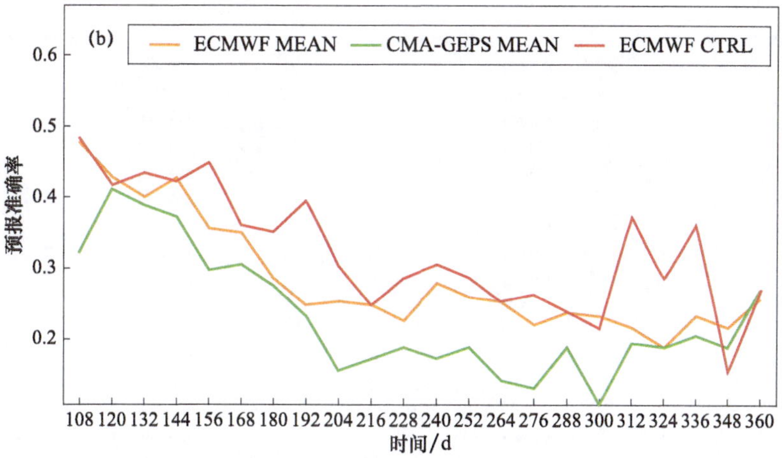

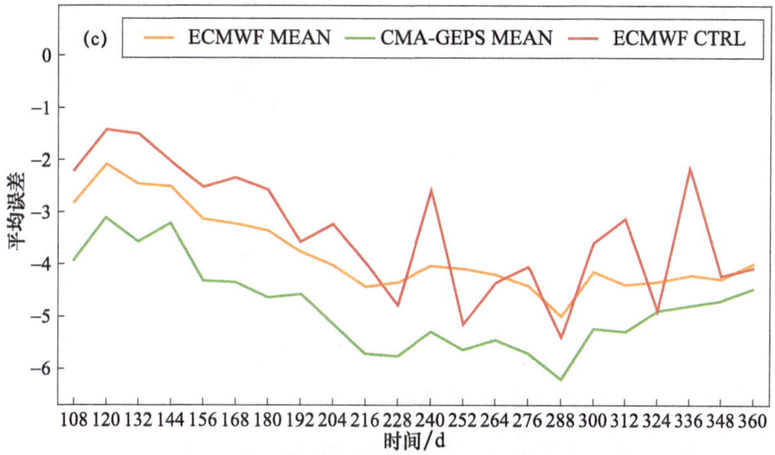

图 4.6　CMA-GEPS 模式集合平均、ECMWF 模式集合平均和控制预报的高温个例的平均绝对误差(a)、≤2 ℃预报准确率(b)以及平均误差(c)随预报时效变化图

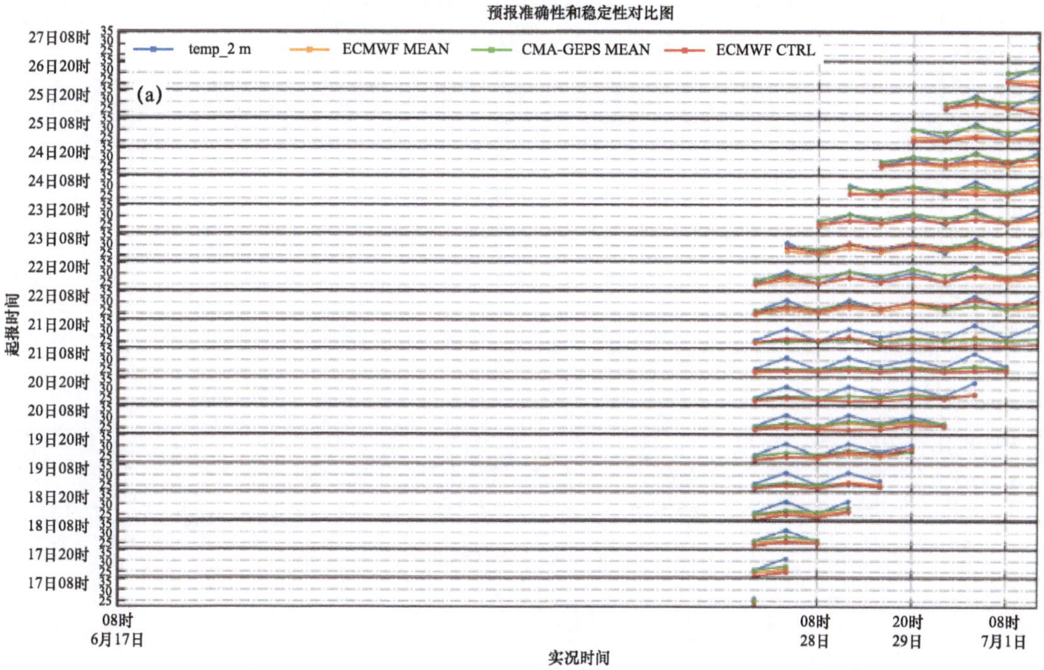

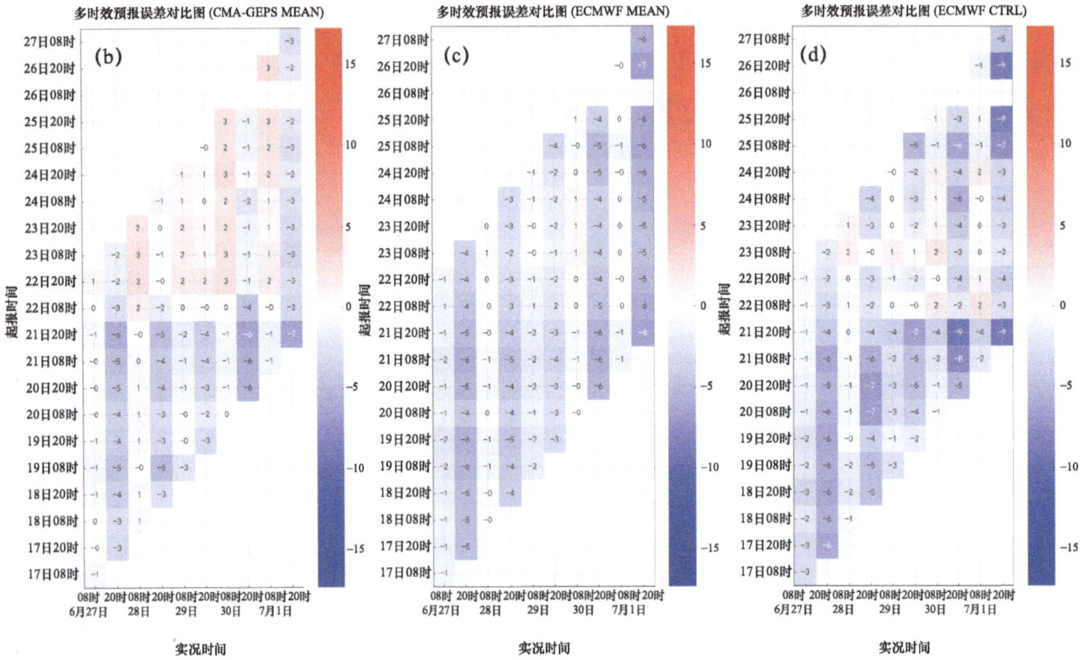

图 4.7 2017 年 6 月 27 日—7 月 1 日北京观象台观测及不同起报时次预报的气温时序图(a)以及不同起报时次的 CMA-GEPS 模式集合平均(b)、ECMWF 模式集合平均(c)和控制预报(d)的气温平均误差

从图 4.8 可见，集合平均基本低估了 2018 年的高温天气。各产品在 5～10 d 时效的预报效果不太稳定，在 5～7 d 时效的预报误差基本<2 ℃。

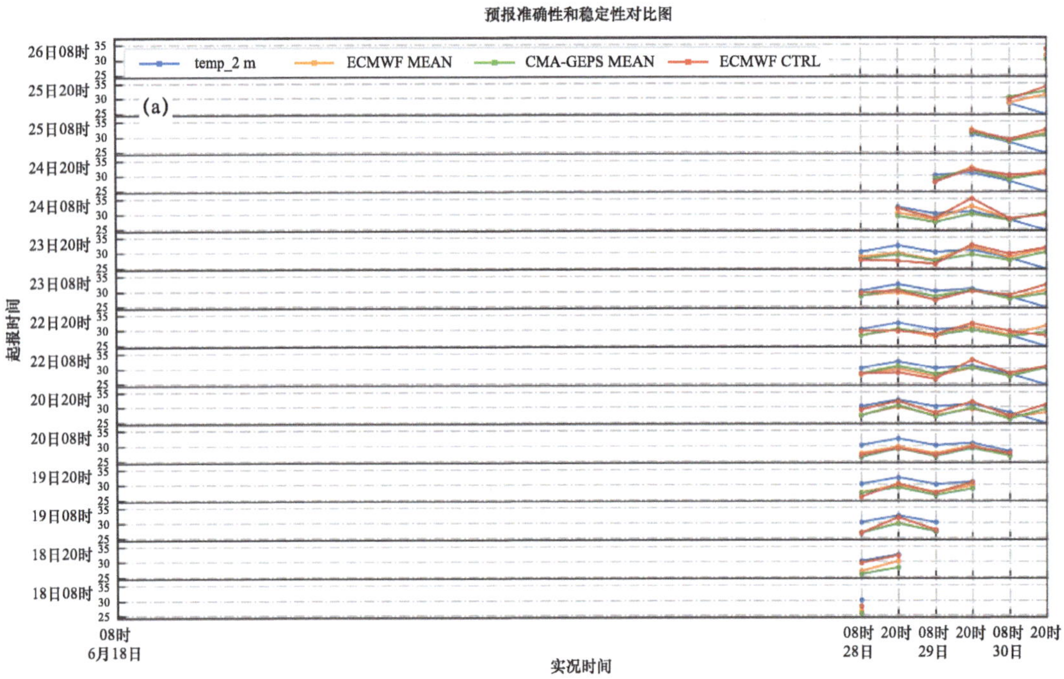

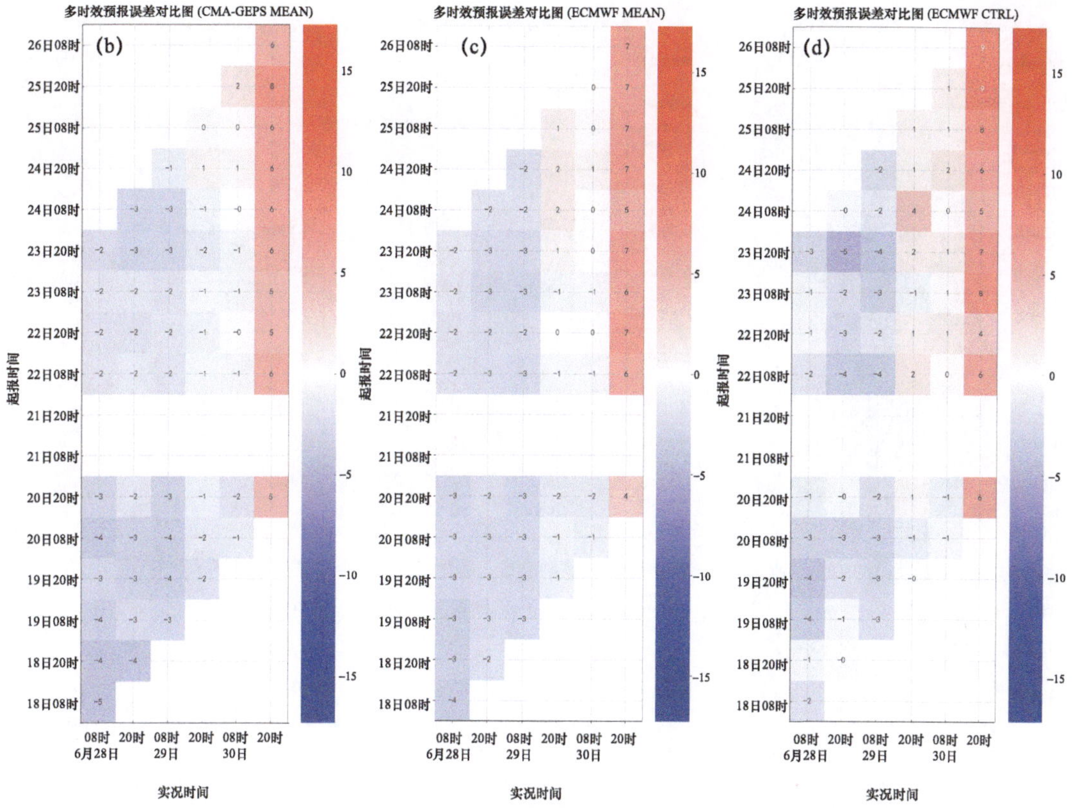

图 4.8　2018 年 6 月 28—30 日北京观象台观测及不同起报时次预报的气温时序图(a)以及不同起报时次的 CMA-GEPS 模式集合平均(b)、ECMWF 模式集合平均(c)和控制预报(d)的气温平均误差

从图 4.9 可见,集合平均基本对高温存在低估,ECMWF 模式集合平均的误差相对较小;ECMWF 模式集合平均和控制预报 5～8 d 的误差基本<2 ℃。

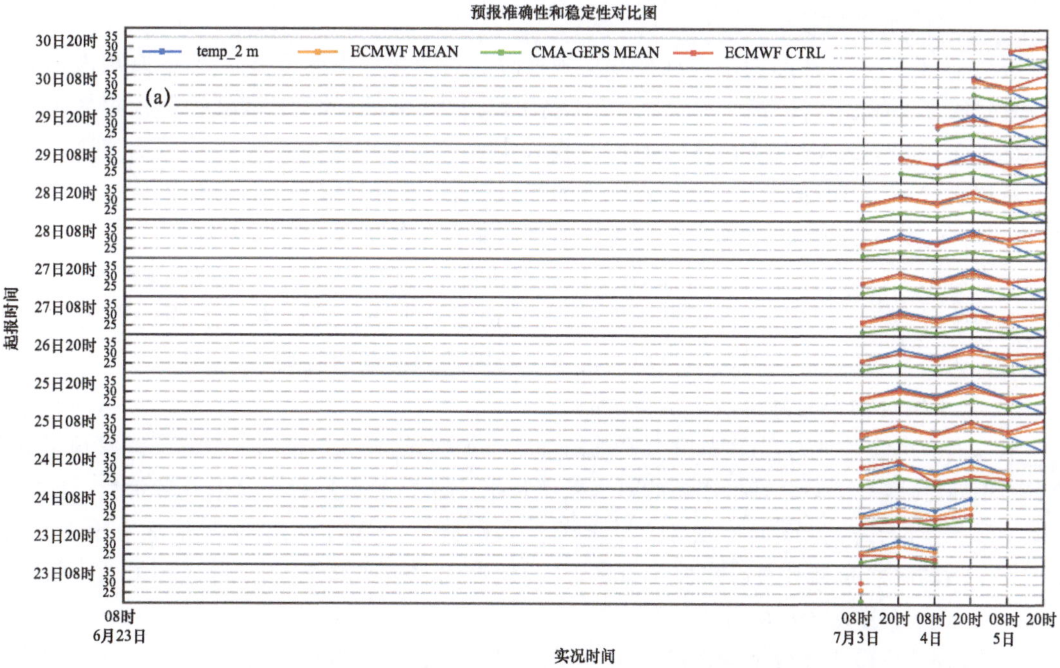

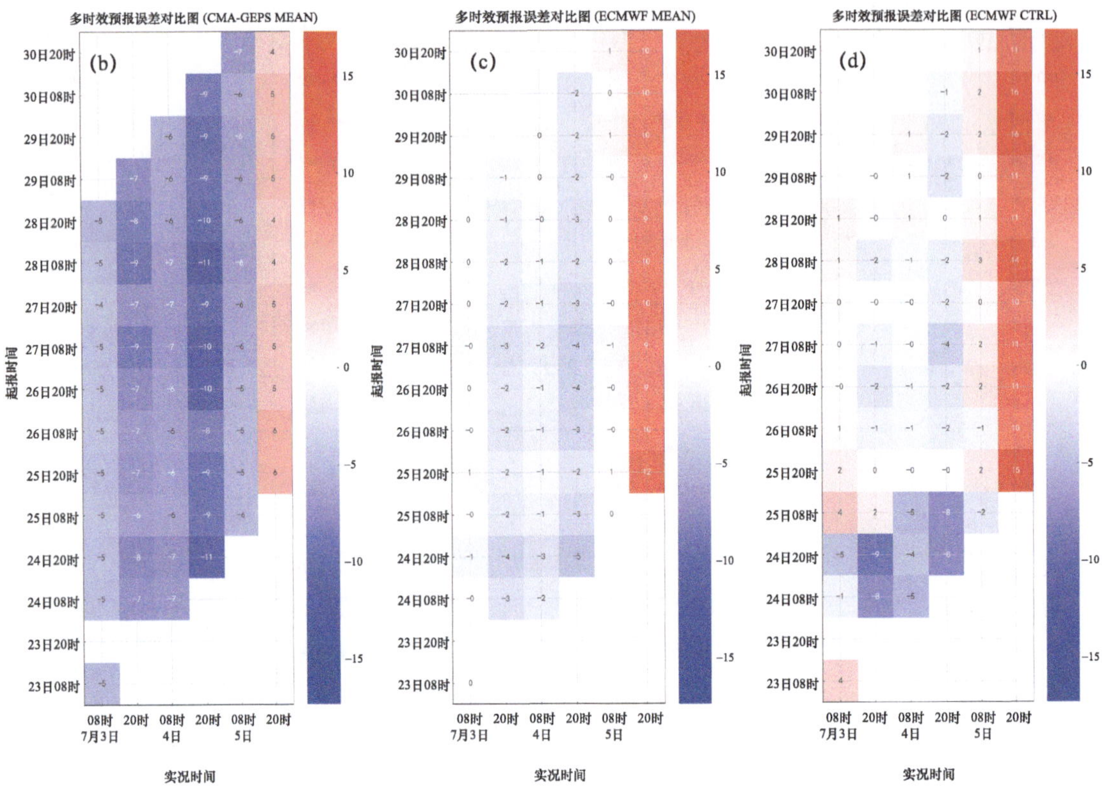

图 4.9　2019 年 7 月 3—4 日北京观象台观测及不同起报时次预报的气温时序图(a)以及不同起报时次的 CMA-GEPS 模式集合平均(b)、ECMWF 模式集合平均(c)和控制预报(d)的气温平均误差

4.1.3　降水预报效果检验

(1)城区降水预报效果检验

图 4.10 给出了各产品的晴雨准确率随预报时效的变化。由图可见，各产品晴雨准确率随预报时效的延长呈现下降趋势，在 11～15 d 趋于稳定，其中，ECMWF 模式控制预报的晴雨准确率在 0.5～0.7，ECMWF 和 CMA-GEPS 模式集合平均准确率在 0.3～0.5。为了进一步评估产品预报效果，同时建立了一组只报晴天的预报产品，发现只报晴天的预报准确率在 0.7 左右，均高于各家产品的晴雨准确率。这说明简单的集合平均结果预报效果较差。

进一步给出实况以及各家产品的分等级的降水频率分布图(图 4.11)。从实况来看，北京城区在检验时段总体以晴、小雨天气为主，各产品预报的小雨存现频率明显偏多，集合平均空报现象更为明显，这进一步说明了简单的集合平均结果没有预报技巧。

(2)基于集合预报的降水概率预报产品

从以上降水检验可见，各产品集合平均的降水空报明显，无预报技巧。考虑到降水预报具有较大的不确定性，基于集合预报产品的降水概率预报产品可能会具有一定的参考价值。得到集合概率预报产品相关步骤如下：先对每个预报成员的降水量进行订正，尽量消除空报现象；再基于订正后的降水重新计算降水发生概率，并找到最优的概率阈值，用于降水预报的决策。

1)降水量订正阈值的确定

以 ECMWF 模式集合平均产品为参考，图 4.12 给出了不同降水阈值下≥0.1 mm TS 偏差分布。由图可见，当降水阈值取 0.9 mm 时，偏差为 1。

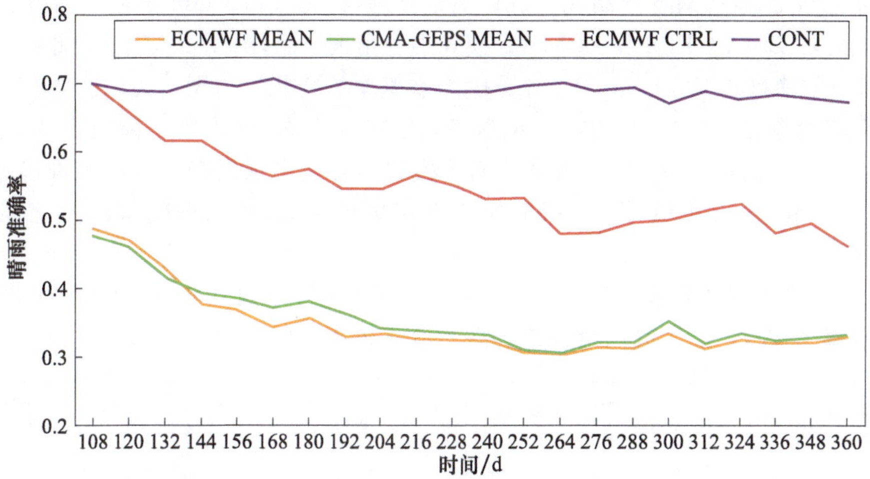

图 4.10　CMA-GEPS 模式集合平均、ECMWF 模式集合平均和控制预报以及只报晴天(CONT)的预报产品在北京城区的晴雨准确率随预报时效变化图

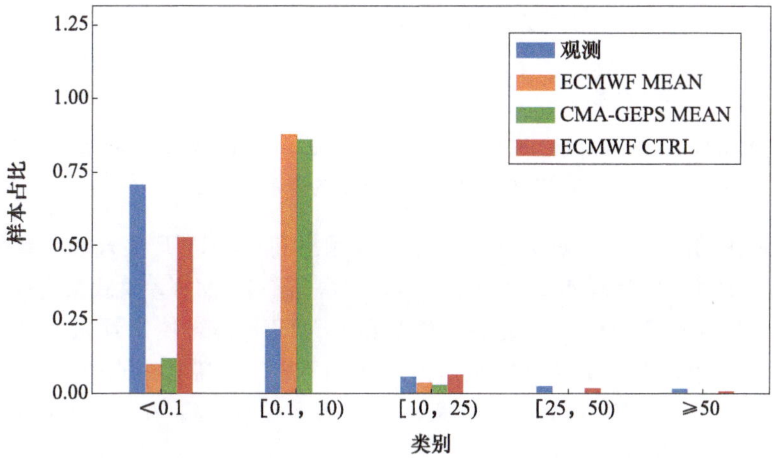

图 4.11　北京城区观测、CMA-GEPS 和 ECMWF 模式集合平均各等级降水频率分布图

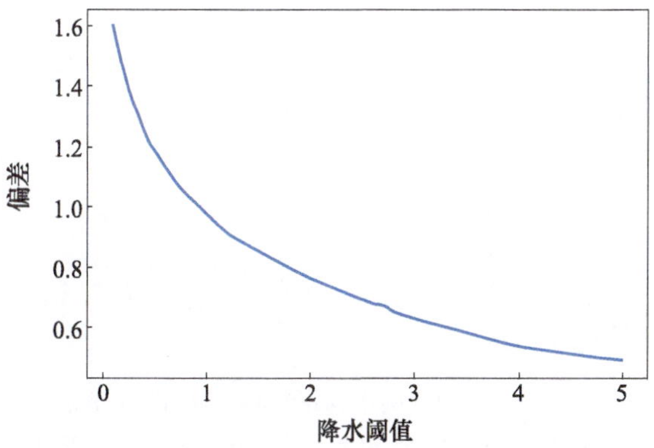

图 4.12　不同降水阈值下≥0.1 mm 偏差分布图

2）最优降水概率阈值的确定

根据以上结果，首先对各产品成员进行消空处理，即将＜0.9 mm 的格点值设置为 0。然后基于消空后的 CMA-GEPS 和 ECMWF 模式集合预报产品，图 4.13 给出了北京城区 5～10 d 时效上晴雨准确率和≥0.1 mm TS 评分随降水概率的变化。由图可见，ECMWF 模式集合预报降水概率阈值为 0.5 时，晴雨准确率最高，在 0.75 左右；降水概率阈值为 0.2 时，≥0.1 mm TS 评分最高，在 0.33 左右。CMA-GEPS 模式集合概率预报产品的晴雨准确率和≥0.1 mm TS 评分略低于 ECMWF 模式，并且降水概率阈值越高，晴雨准确率越高，而≥0.1 mm TS 评分越低。

总体上，当降水概率阈值设定在 0.2～0.5，基于 5～10 d 时效的 ECMWF 模式集合预报产品的降水概率预报产品可以同时获得较高的晴雨准确率和≥0.1 mm TS 评分。

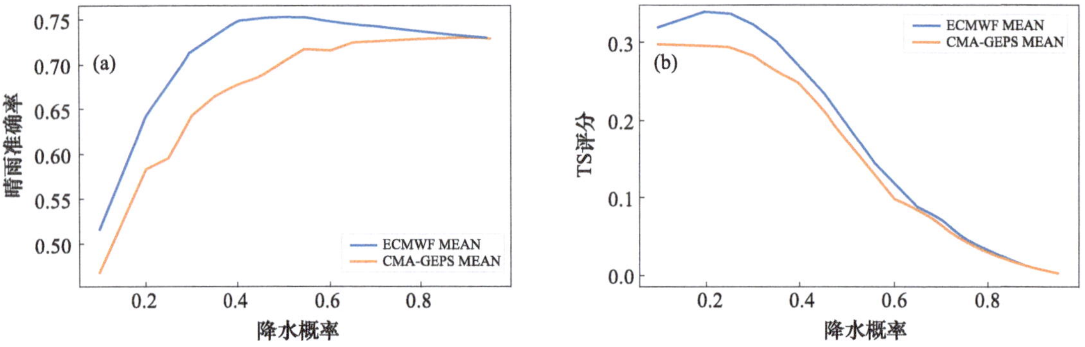

图 4.13　北京城区 5～10 d 时效上晴雨准确率（a）和≥0.1 mm TS 评分（b）随基于 CMA-GEPS 和 ECMWF 模式集合预报产品的降水概率变化

为了获得最优的降水概率阈值，引入只报晴天预报和 ECMWF 模式控制预报产品进行对比分析。由图 4.14 可见，当降水概率阈值≥0.35 时，基于 ECMWF 模式集合预报产品的降水概率产品的晴雨准确率高于包括只报晴天预报和 ECMWF 模式控制预报产品的其他 3 个产品，超过 0.73；当降水概率阈值≤0.45 时，≥0.1 mm TS 评分高于其他产品。

综合来看，对于 ECMWF 模式集合预报产品的降水概率产品，在 5～10 d 时效上最优的降水概率阈值为 0.40 左右。

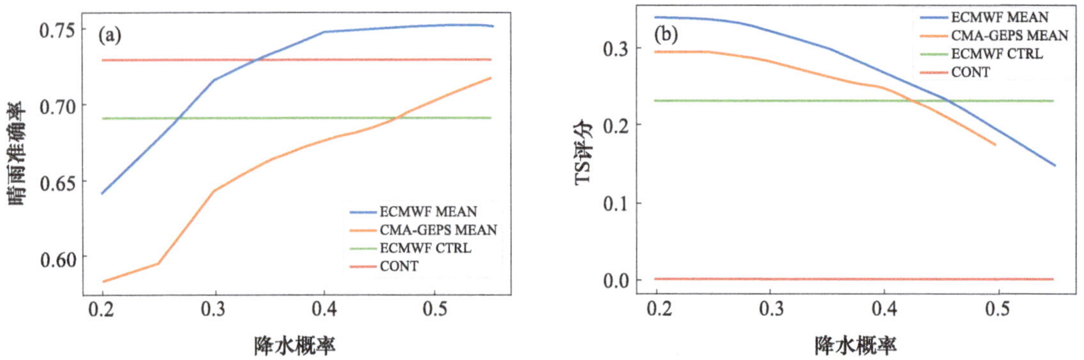

图 4.14　北京城区 5～10 d 时效上晴雨准确率（a）和≥0.1 mm TS 评分（b）随基于 CMA-GEPS 和 ECMWF 模式集合预报产品的降水概率变化以及只报晴天（CONT）和 ECMWF 模式控制预报产品

采用同样的方法，发现降水概率阈值设定在 0.15～0.65，基于 11～15 d 时效 ECMWF 模式集合预报产品的降水概率预报产品可以同时获得较高的晴雨准确率和≥0.1 mm TS 评分（图 4.15）。

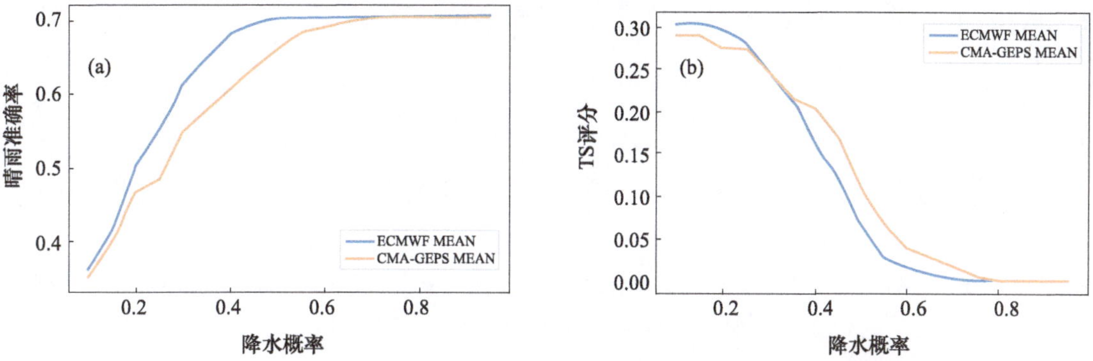

图 4.15　北京城区 11～15 d 时效上晴雨准确率(a)和≥0.1 mm TS 评分(b)随基于 CMA-GEPS 和 ECMWF 模式集合预报产品的降水概率变化

同样引入只报晴天预报，和 ECMWF 模式控制预报产品对比，进行最优降水概率阈值的确定。与 5～10 d 时效不同的是，ECMWF 模式集合概率预报产品的晴雨准确率随降水概率阈值的增加而增加，而≥0.1 mm TS 评分呈现相反的变化；并且 ECMWF 模式集合概率预报产品的晴雨准确率低于只报晴天的。

总体上，在 11～15 d 时效上无最优降水概率阈值。降水概率阈值在 0.35 左右时，基于 ECMWF 模式集合预报产品的降水概率预报产品能获得相对优于 ECMWF 模式控制预报和 CMA-GEPS 模式产品的预报效果(图 4.16)。

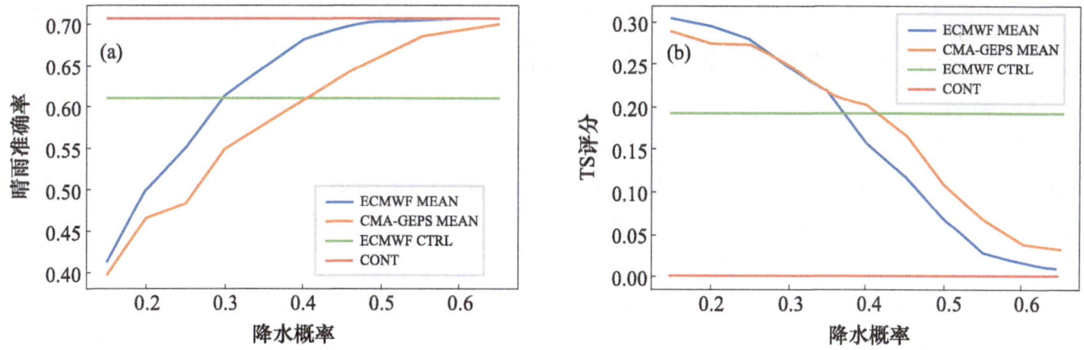

图 4.16　北京城区 11～15 d 时效上晴雨准确率(a)和≥0.1 mm TS 评分(b)随基于 CMA-GEPS 和 ECMWF 模式集合预报产品的降水概率变化以及只报晴天(CONT)和 ECMWF 模式控制预报产品

基于最优降水概率阈值，给出基于 ECMWF 和 CMA-GEPS 模式集合预报的降水概率预报产品以及只报晴天和 ECMWF 模式控制预报产品随预报时效的变化图（图 4.17）。基于 ECMWF 模式集合预报的降水概率预报产品的晴雨准确率，在 108～240 h 时效订正效果较为稳定；≥0.1 mm TS 评分随预报时效有所下降，整体来看效果略好于 ECMWF 模式控制预报和 CMA-GEPS 模式。这说明了采用该降水概率阈值能够得到稳定的 ECMWF 模式概率预报产品。

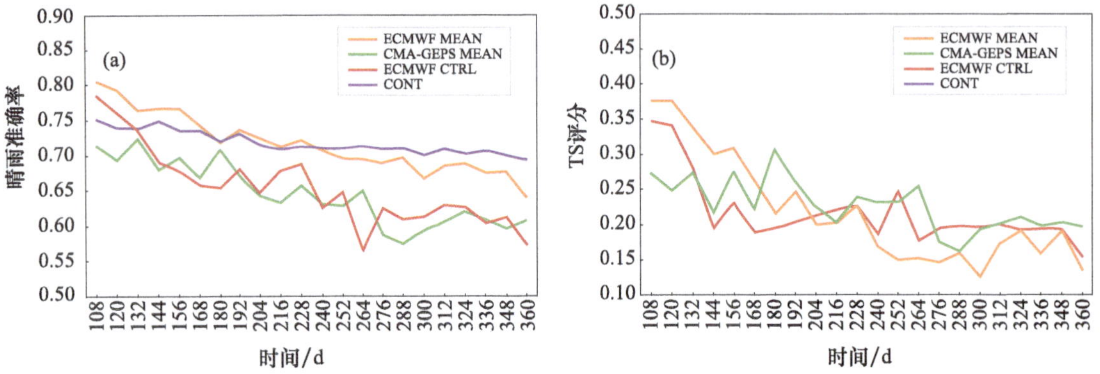

图 4.17　基于 ECMWF 和 CMA-GEPS 模式集合预报的北京城区降水概率预报产品以及只报晴天(CONT)和 ECMWF 模式控制预报产品随预报时效变化图

4.1.4　小结

(1)气温

CMA-GEPS 和 ECMWF 模式集合平均对北京城区的平均绝对误差随预报时效的延长而增大,预报准确率明显下降,在 11～15 d 趋于稳定。ECMWF 模式集合平均的预报误差相对更小,5～10 d 的平均绝对误差在 2.0～2.5 ℃,准确率在 0.5～0.6;各产品均低估了城区的气温,其中,ECMWF 模式集合平均偏低了 0.5～1.0 ℃。从平均绝对误差和预报准确率指标的定量检验来看,各产品对 11～15 d 的预报效果低于气候态,预报技巧较差。

从高温个例的检验结果来看,集合平均对高温过程存在较为明显的低估,平均绝对误差相对较大,准确率较低,效果不如 ECMWF 模式控制预报;CMA-GEPS 模式对高温过程的预报效果不稳定;ECMWF 模式集合平均和控制预报效果逐年变好;2019 年的高温个例中,ECMWF 模式集合平均和控制预报提前 5～8 d 的误差基本＜2 ℃。

(2)降水

从降水的晴雨准确率以及 TS 评分来看,ECMWF 模式控制预报的降水比例明显偏大,集合预报的偏大比例更明显;各产品存在较多的空报现象,简单的集合平均产品没有预报技巧。

考虑到降水预报具有较大的不确定性,基于集合预报产品的降水概率预报产品可能会具有一定的参考价值。为了更好地使用集合预报产品,首先对各产品进行消空处理(降水量阈值 0.9 mm),小于该阈值设定为无降水;在此基础上,综合晴雨准确率和≥0.1 mm TS 评分的效果,发现 ECMWF 模式集合预报的降水概率预报产品在 5～10 d 时效上最优的降水概率阈值为 0.40 左右;经过订正处理的 ECMWF 模式集合概率预报产品,平均晴雨准确率在 0.75 左右,≥0.1 mm TS 评分在 0.27 左右,效果优于 ECMWF 模式控制预报和 CMA-GEPS 模式集合预报。在 11～15 d 时效上,降水概率阈值在 0.35 左右时,基于 ECMWF 模式集合预报产品的降水概率预报产品能获得相对优于 ECMWF 模式控制预报和 CMA-GEPS 模式的预报效果。

4.2　CMA-GFS 和 ECMWF 全球模式降水预报主观检验

2010—2020 年,挑选出 4 次中雨及以上降水过程(表 4.2),针对北京城区检验 ECMWF 和 CMA-GFS 模式的预报效果。2021 年 6 月 20—7 月 5 日,挑选 3 次高影响天气过程

（表 4.3），检验 ECMWF 和 CMA-GFS 模式的降水预报情况。

表 4.2 6 月 20—7 月 5 日典型降水过程

序号	降水过程	关注时段
1	2017 年 6 月 22 日	22 日 08 时—23 日 08 时
2	2017 年 7 月 3 日	3 日 08 时—4 日 08 时
3	2017 年 7 月 6 日	6 日 08 时—7 日 08 时
4	2020 年 7 月 2 日	2 日 08 时—3 日 08 时

表 4.3 2021 年 6 月 20 日—7 月 5 日高影响过程

序号	降水过程	关注时段	主要影响时段	关注场地
1	2021 年 6 月 25 日	25 日 17 时—26 日 03 时	25 日 21—23 时	奥体中心
2	2021 年 6 月 30 日	6 月 30 日 19 时—7 月 1 日 01 时	30 日 20—22 时	主城区
3	2021 年 7 月 1 日	1 日 08—20 时	1 日 08—11 时	主城区

4.2.1 2017 年 6 月 22 日降水过程

图 4.18 分别给出了这次过程的实况和 ECMWF、CMA-GFS 模式预报的累积雨量的空间分布。从实况上看，雨带分布表现为城区及西北部沿山雨大，西南、东北部雨小，城区达暴雨量级，局地大暴雨。从 ECMWF 模式预报的情况看，整体面上雨量、雨带分布与实况较为接近，大暴雨落区范围较实况偏大且位置偏东，城区大部预报为大暴雨，较实况偏大一个量级。从 CMA-GFS 模式的预报情况看，雨带呈现西北部大、东南部小的特点，与实况差异较大；面上雨量为大雨，相较于实况明显偏小。

为了进一步分析模式对于降水过程的精细预报能力，对逐 3 h 降水量进行检验。图 4.19 给出的是城区 7 站的实况和 ECMWF 模式预报的逐 3 h 降水量的对比。以北京观象台为例，降水从 6 月 22 日 08 时持续到 23 日 08 时，最强降水集中在 22 日后半夜。ECMWF 模式预报的降水从 08 时开始，最强时段在 22 日前半夜，降水的起始时间较为一致，但对 22 日前半夜的降水预报明显偏强，且对后半夜的强降水漏报。从 CMA-GFS 模式的预报情况看，降水的持续时间与实况较为一致；明显的降水时段预报在傍晚前后，与实况偏差较大，且降水强度偏弱（图 4.20）。城区其他 6 站的检验特征与北京观象台一致。

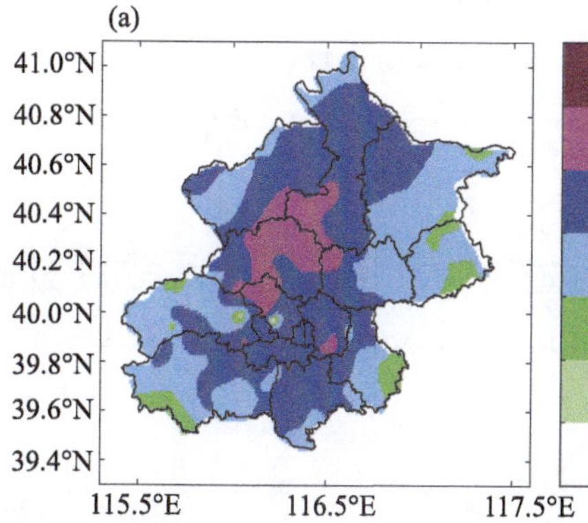

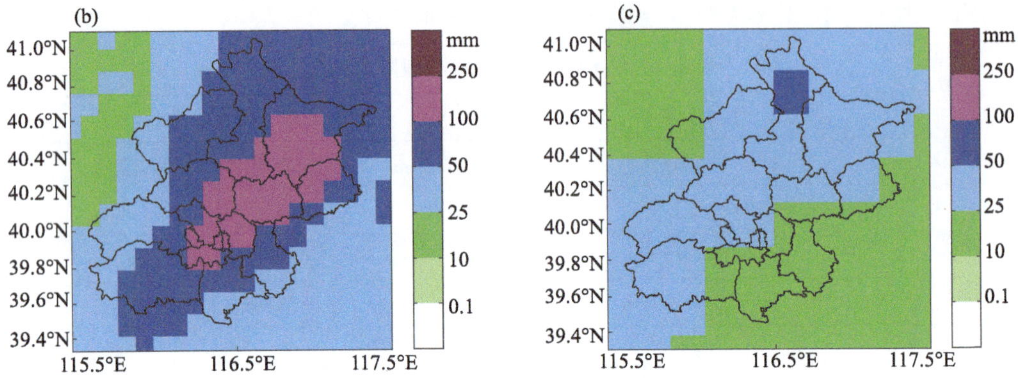

图 4.18　2017 年 6 月 22 日 24 h 累积雨量

(a)实况；(b)ECMWF 模式预报；(c)CMA-GFS 模式预报

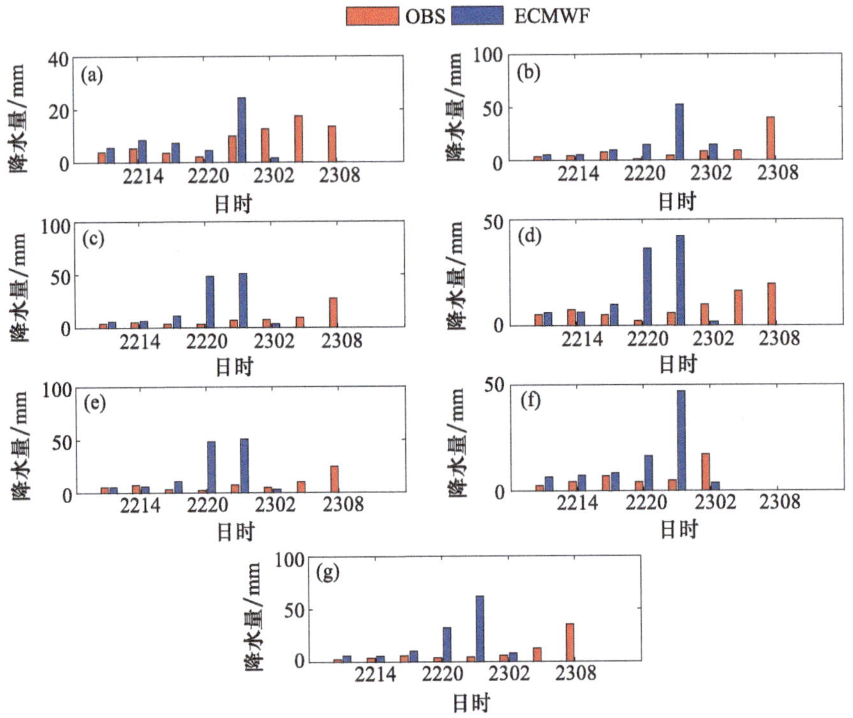

图 4.19　2017 年 6 月 22 日逐 3 h 降水量实况(OBS)与 ECMWF 模式预报情况对比

(a)北京观象台站；(b)朝阳站；(c)海淀站；(d)丰台站；(e)石景山站；(f)主城区；(g)奥体中心站

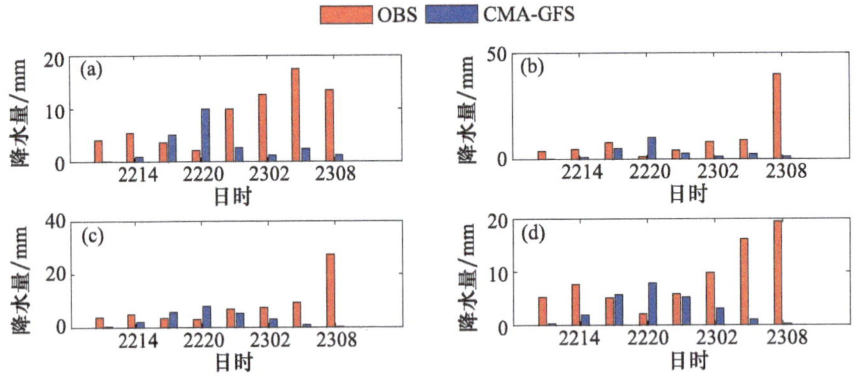

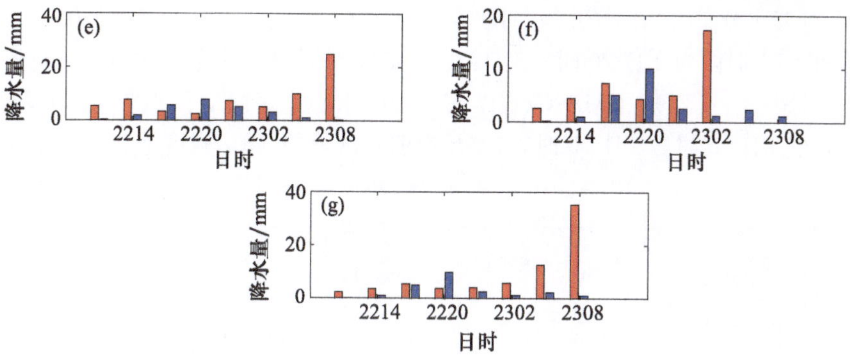

图 4.20　2017 年 6 月 22 日逐 3 h 降水量实况(OBS)与 CMA-GFS 模式预报情况对比

(a)北京观象台站;(b)朝阳站;(c)海淀站;(d)丰台站;(e)石景山站;(f)主城区;(g)奥体中心站

4.2.2　2017 年 7 月 3 日降水过程

本次降水过程呈现南多北少的分布特征,降水中心在城区及西南部山区。城区以中到大雨为主,局地暴雨。从 ECMWF 模式的预报情况看,整体以小雨为主,分布较为均匀;相较于实况,雨量明显偏小,雨带的分布也与实况差别较大,对于城区的降水中心漏报。从 CMA-GFS 模式的预报情况看,全市以小雨为主,城区大部为中雨;相较于实况,降水量级偏小,雨带分布上,对西南部山区的降水中心漏报。本次过程 CMA-GFS 模式比 ECMWF 模式略有优势(图 4.21)。

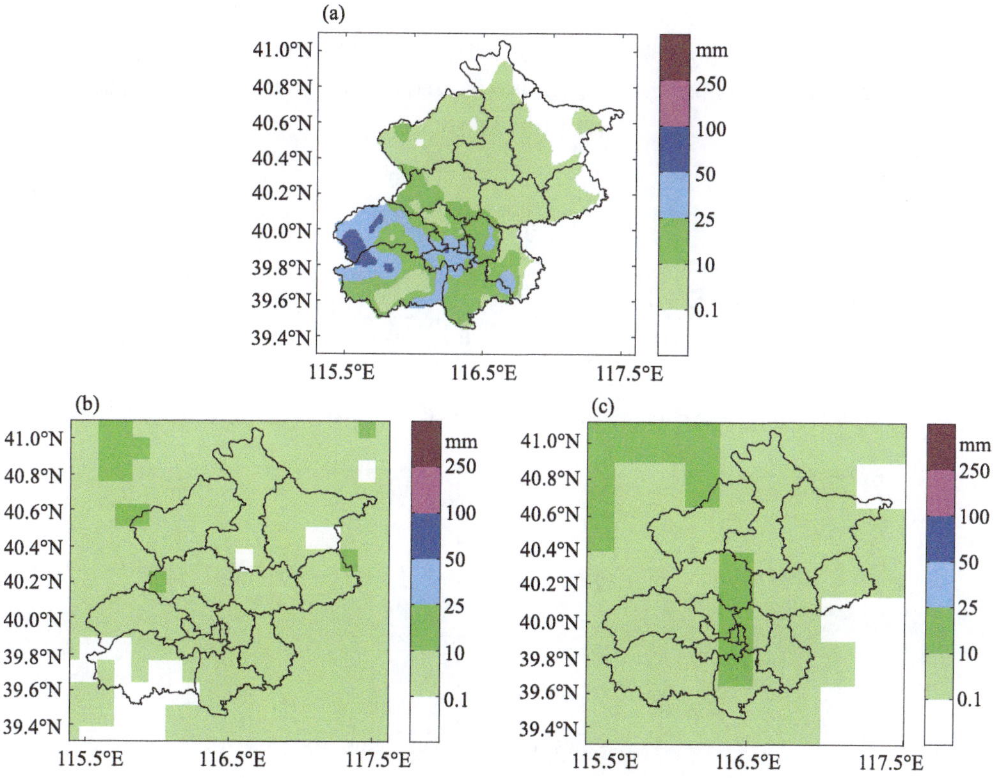

图 4.21　2017 年 7 月 3 日 24 h 累积雨量

(a)实况;(b)ECMWF 模式预报;(c)CMA-GFS 模式预报

从逐 3 h 的降水分布看，实况的降水时段为 7 月 3 日 02—08 时，主要集中在 05—08 时。ECMWF 模式预报的降水时段为 2 日 20 时—3 日 08 时，起始时间偏早，持续时间较长；且逐3 h的降水量较实况明显偏少（图 4.22）。CMA-GFS 模式对于降水起止时间的预报与 ECMWF 模式类似，降水时段集中在 2 日 20 时—3 日 05 时，与实况有明显的偏差，降水强度上也明显偏弱（图 4.23）。

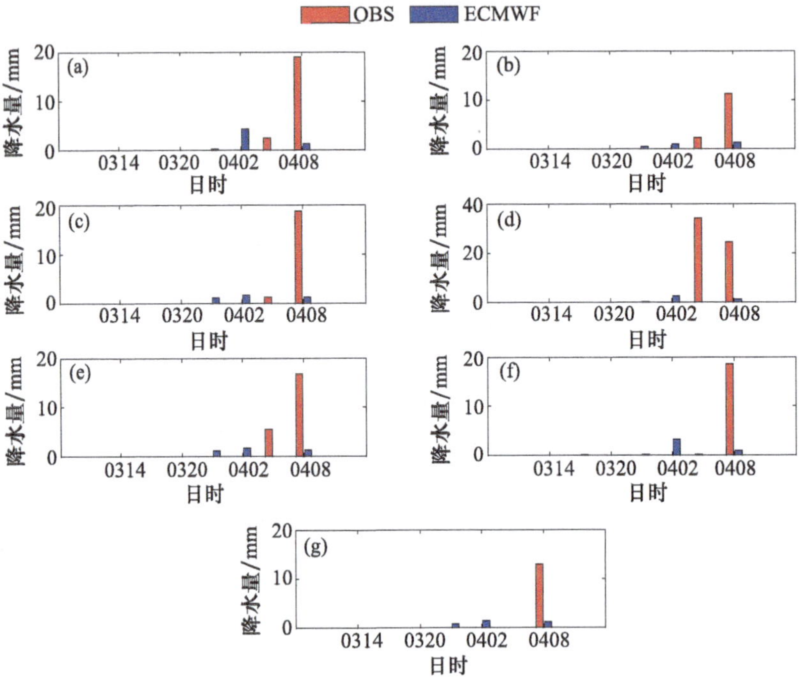

图 4.22　2017 年 7 月 3 日逐 3 h 降水量实况（OBS）与 ECMWF 模式预报情况对比

（a）北京观象台；（b）朝阳站；（c）海淀站；（d）丰台站；（e）石景山站；（f）主城区；（g）奥体中心站

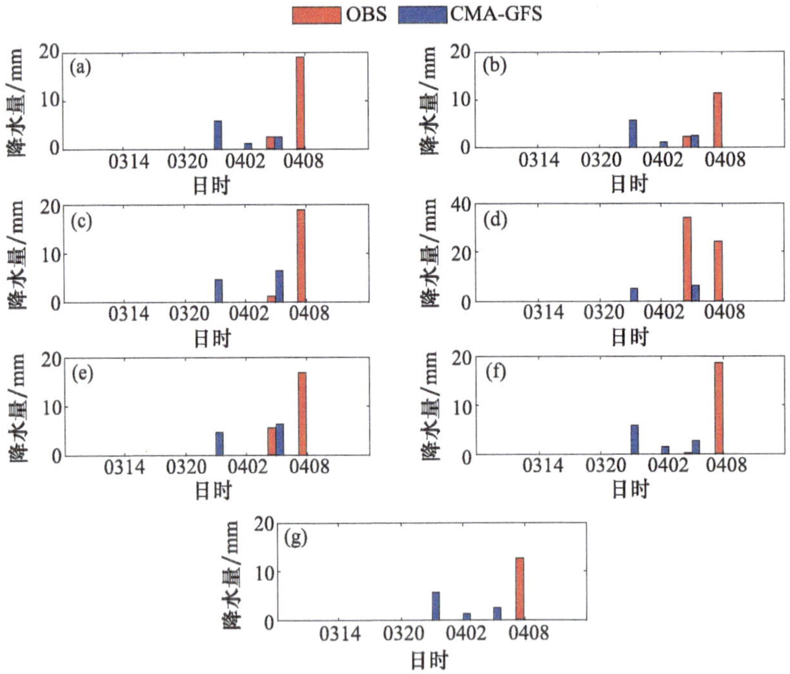

图 4.23　2017 年 7 月 3 日逐 3 h 降水量实况（OBS）与 CMA-GFS 模式预报情况对比

（a）北京观象台站；（b）朝阳站；（c）海淀站；（d）丰台站；（e）石景山站；（f）主城区；（g）奥体中心站

4.2.3 2017 年 7 月 6 日降水过程

从实况上看，本次降水过程以大到暴雨为主，东北部、西部部分地区大暴雨，雨带整体上呈现北多南少的特征。ECMWF 模式对本次过程整体的预报效果较好，不仅准确预报了东北部地区的大暴雨中心，同时，对城区的降水量级预报也与实况一致；不足的是，对西部地区降水预报偏弱，尤其是西部山区的大暴雨中心漏报。从 CMA-GFS 模式的预报情况看，整体面上雨量明显偏小，且对 2 个大暴雨中心完全漏报(图 4.24)。

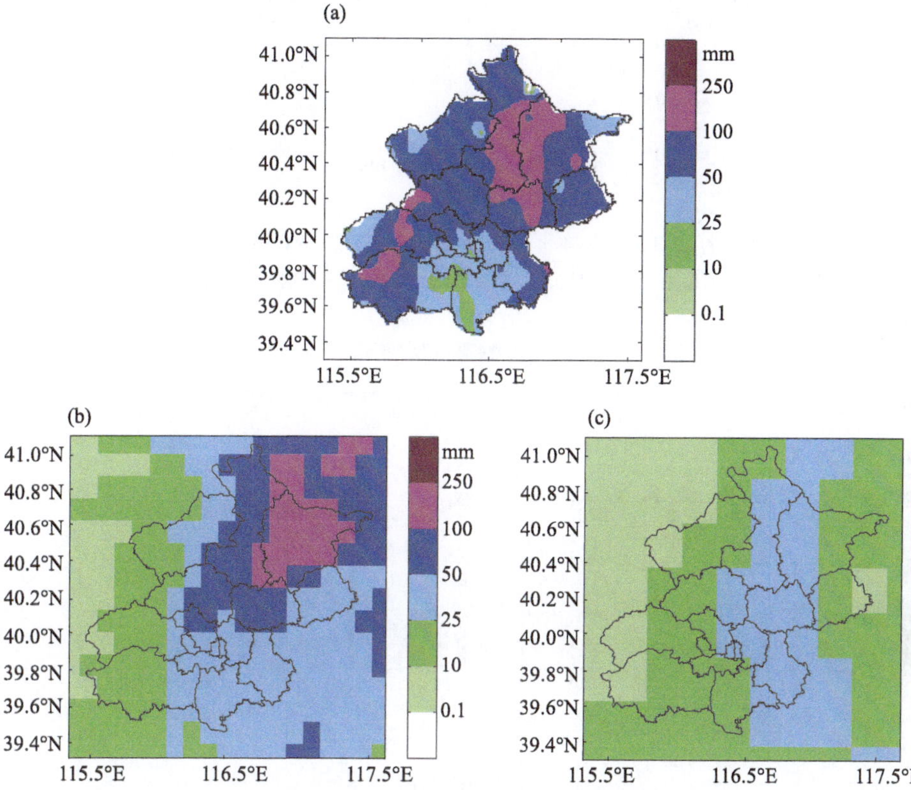

图 4.24 2017 年 7 月 6 日 24 h 累积雨量

(a)实况；(b)ECMWF 模式预报；(c)CMA-GFS 模式预报

以北京观象台为例，对于本次过程的起止时间，ECMWF 模式预报与实况较为接近，最大 3 h 降水量也接近实况，但 ECMWF 模式预报主要降水时段要偏晚 3 h 左右。主城区的情况与北京观象台略有不同，较强降水时段分别在 14 时、23 时。ECMWF 模式在整个降水过程中，预报雨量分布较为均匀，对强降水时段的预报略有偏差。CMA-GFS 模式对于本次过程的预报能力较为一般，预报的起止时间略微偏晚，强度偏弱，同时，也对 08—14 时的强降水时段估计不足(图 4.25 和图 4.26)。

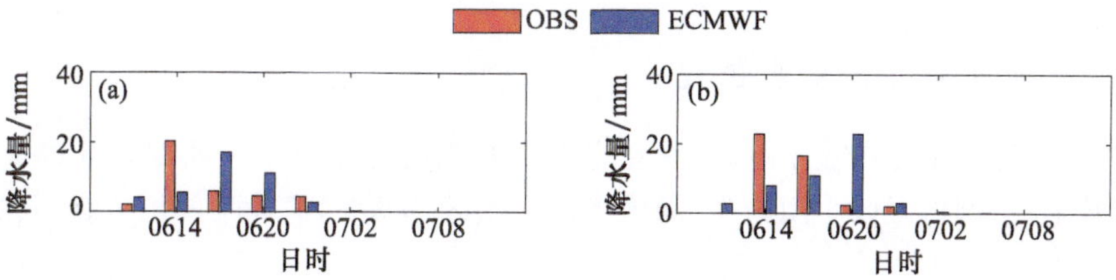

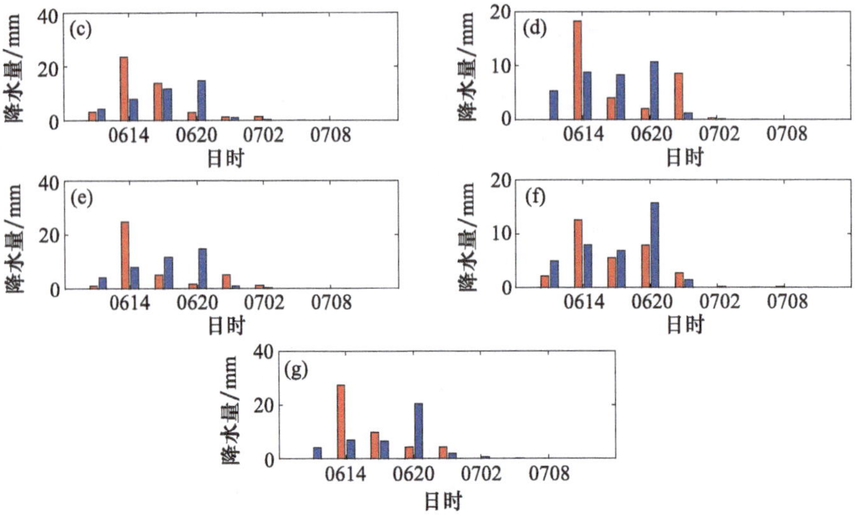

图 4.25　2017 年 7 月 6 日逐 3 h 降水量实况(OBS)与 ECMWF 模式预报情况对比

(a)北京观象台站；(b)朝阳站；(c)海淀站；(d)丰台站；(e)石景山站；(f)主城区；(g)奥体中心站

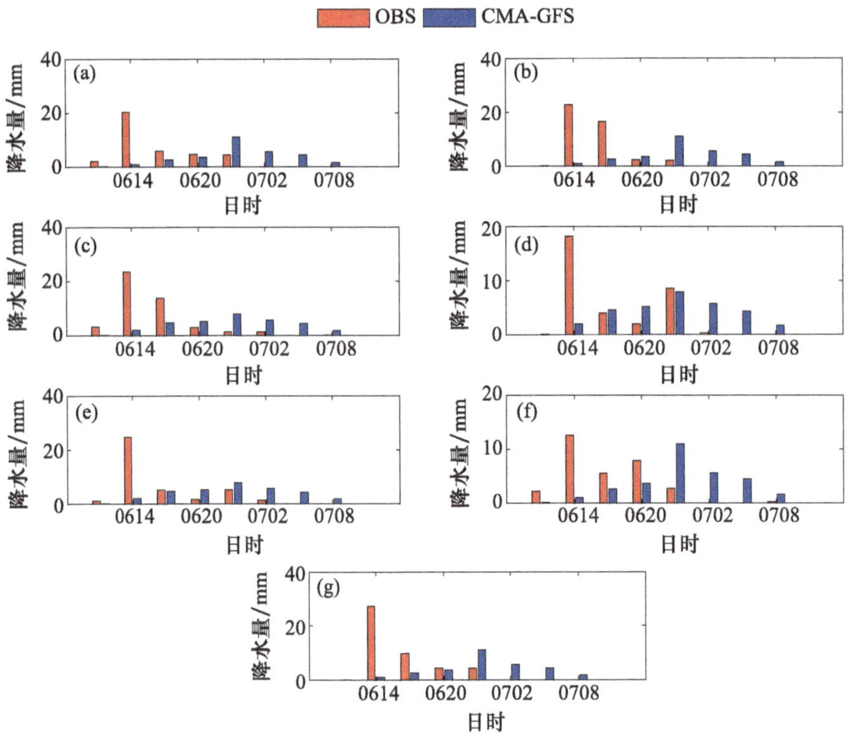

图 4.26　2017 年 7 月 6 日逐 3 h 降水量实况(OBS)与 CMA-GFS 模式预报情况对比

(a)北京观象台站；(b)朝阳站；(c)海淀站；(d)丰台站；(e)石景山站；(f)主城区；(g)奥体中心站

4.2.4　2020 年 7 月 2 日降水过程

本次过程的降水量分布极不均匀，呈现出西多东少的分布特征。西部地区以大到暴雨为主，局地大暴雨；东部地区以小雨为主，局地中雨。城区 7 站中，海淀达暴雨量级，石景山中雨，其余 5 站小雨。从 ECMWF 模式的预报情况看，雨量的分布特征与实况一致，降水量级有一定偏差；西部地区为大雨，相较于实况偏小，东部地区以中雨为主，略偏大。从 CMA-GFS 模式的预报情况看，其雨带呈现中间大、四周小的特征，与实况偏差较大；同时，从降水量级上看，西部地区明显偏小，东部偏大(图 4.27)。

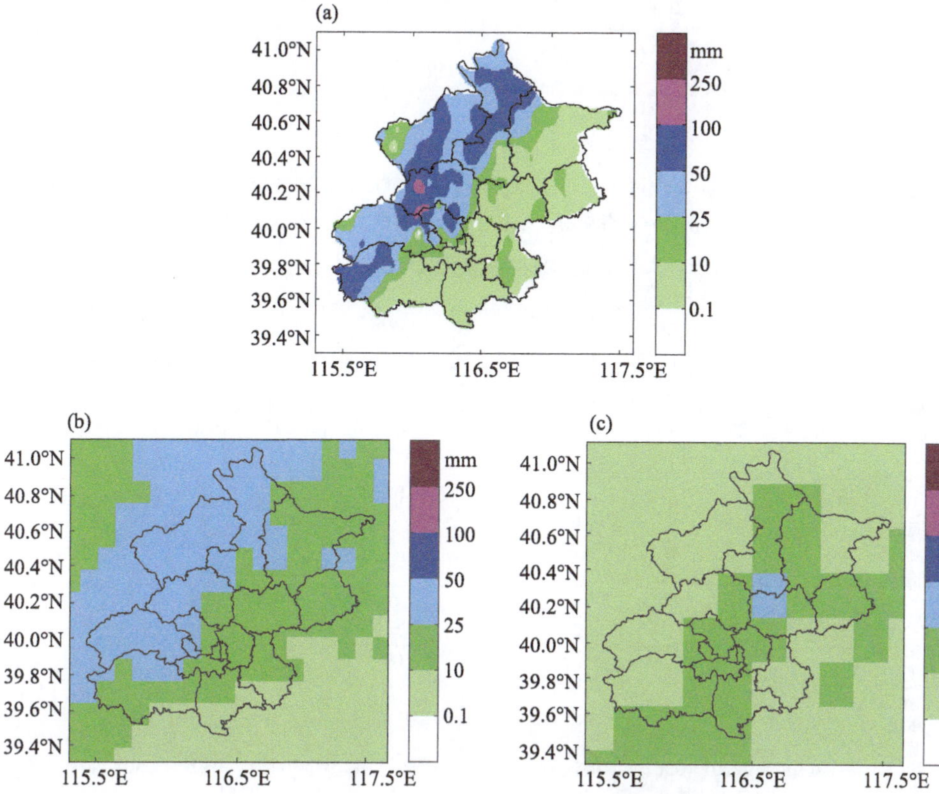

图 4.27　2020 年 7 月 2 日 24 h 累积雨量

(a)实况；(b)ECMWF 模式预报；(c)CMA-GFS 模式预报

本次降水过程的对流性较强，降水时段集中，空间分布不均。从 ECMWF 模式的预报情况看，降水的持续时间偏长，逐 3 h 雨量的分布较为均匀，对西部地区(如海淀)的强降水预报偏弱，同时，对东南部(如北京观象台)的降水空报较多。CMA-GFS 模式的预报情况与 ECMWF 模式基本类似。总体来看，全球模式对于对流性短时强降水的预报能力有限(图 4.28 和图 4.29)。

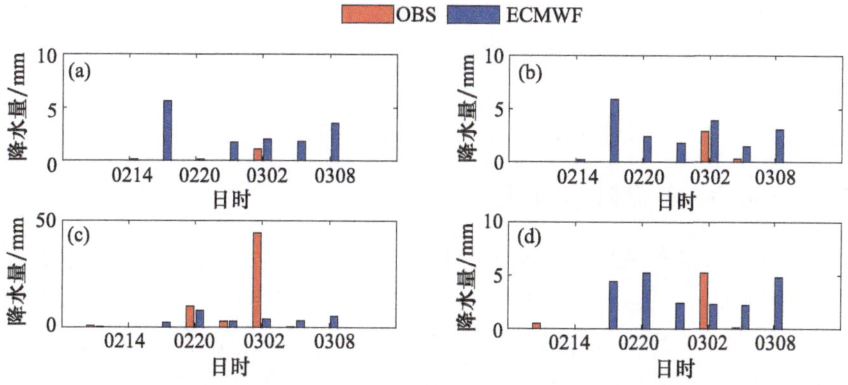

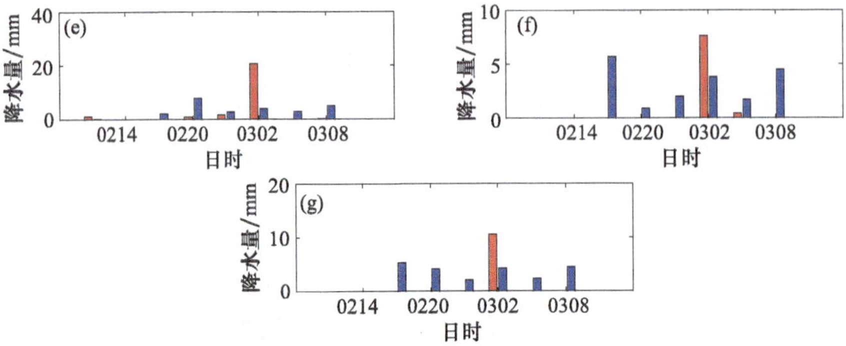

图 4.28　2020 年 7 月 2 日逐 3 h 降水量实况(OBS)与 ECMWF 模式预报情况对比
(a)北京观象台站;(b)朝阳站;(c)海淀站;(d)丰台站;(e)石景山站;(f)主城区;(g)奥体中心站

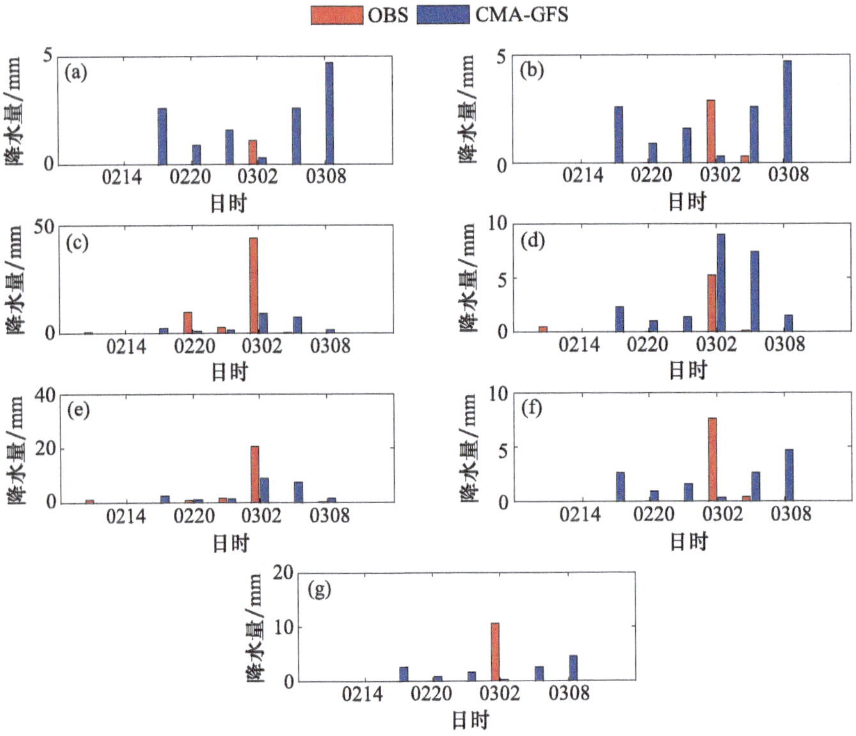

图 4.29　2020 年 7 月 2 日逐 3 h 降水量实况(OBS)与 CMA-GFS 模式预报情况对比
(a)北京观象台;(b)朝阳站;(c)海淀站;(d)丰台站;(e)石景山站;(f)主城区;(g)奥体中心站

综合 2010—2020 年的 4 次中雨及以上降水过程的检验结果来看，全球模式对于中雨以上降水过程的累积雨量预报情况与实况较为接近，尤其是 ECMWF 模式预报，对于雨带的分布特征和降水量级都具有较高的参考价值。从逐 3 h 的精细化预报情况上看，模式的起始时间偏早，持续时间偏长，对于强降水时段预报与实况偏差较大。

4.2.5　2021 年 6 月 25 日降水过程

这次强对流和降水过程呈现北多南少的特点。北部地区为中到大雨，局地暴雨；城区及南部为小到中雨，局地大雨。奥体中心为小雨。ECMWF 模式 6 月 24 日 20 时起报，预报全市为小雨；CMA-GFS 模式 24 日 20 时起报效果较 25 日 08 时略好，北部为中雨，局地大雨，城区及南部为小雨。ECMWF、CMA-GFS 模式整体预报降水量级较实况偏小，CMA-GFS 模式好于

ECMWF 模式(图 4.30)。

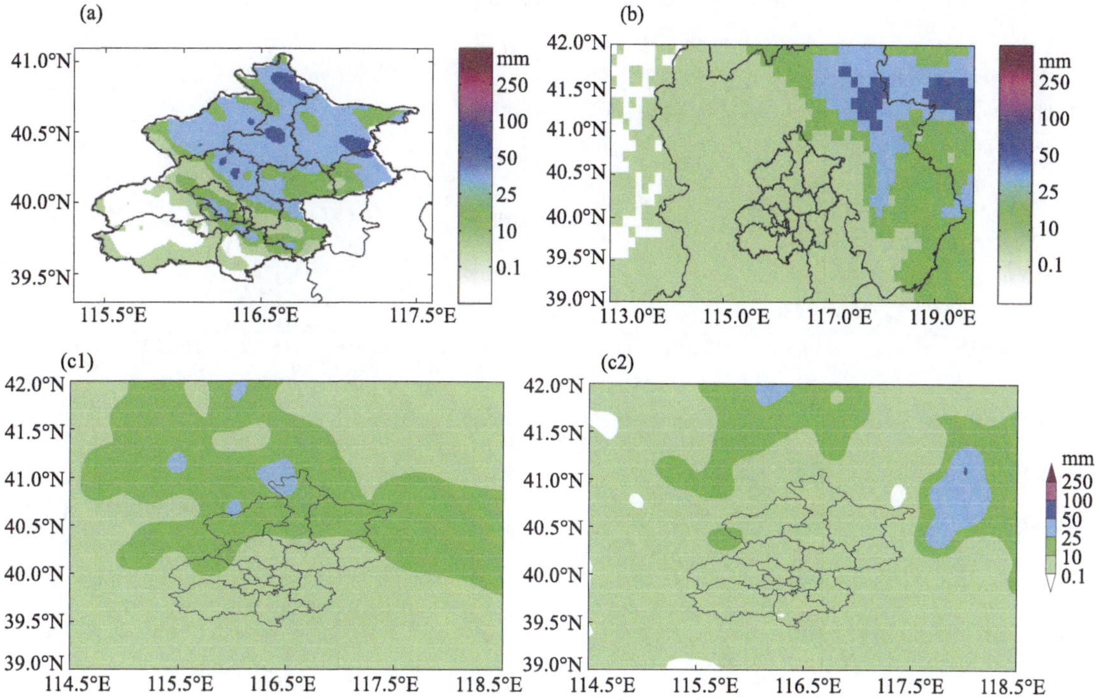

图 4.30　2021 年 6 月 25 日 24 h 降水

(a)实况;(b)ECMWF 模式预报;(c1)CMA-GFS 模式预报(24 日 20 时起报);(c2)CMA-GFS 模式预报(25 日 08 时起报)

图 4.31 为 6 月 25 日 20—23 时,3 h 降水实况,由西北向东南方向出现 3 条雨带,中到大雨主要位于北京北部,出现分叉。从 CMA-3 km 中尺度模式多时次起报结果来看,北部地区各个时次起报的结果均偏弱,24 日 20 时—25 日 02 时相对较好(图 4.32)。

从奥体中心单站 20—23 时降雨预报来看,6 月 24 日 20 时和 25 日 02 时雨量较实况预报略偏大,达到中雨,其余时次预报均明显偏弱(图 4.33)。

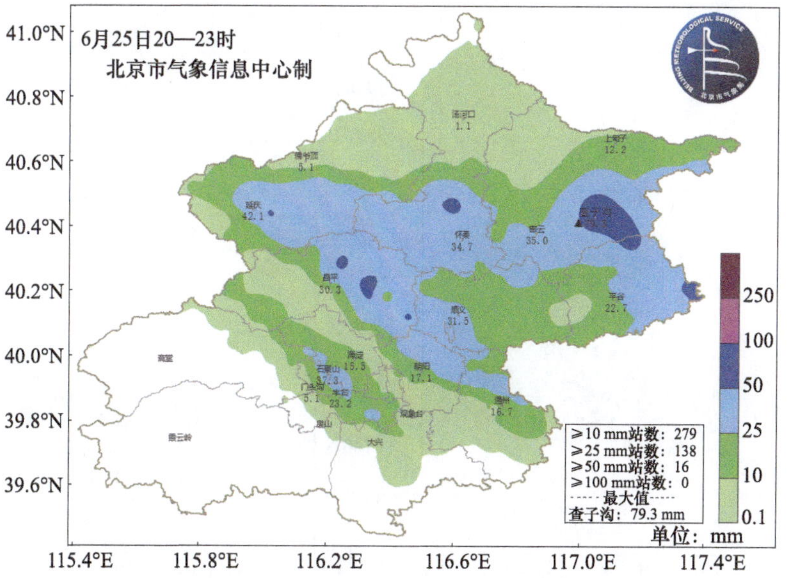

图 4.31　2021 年 6 月 25 日 20—23 时降水实况

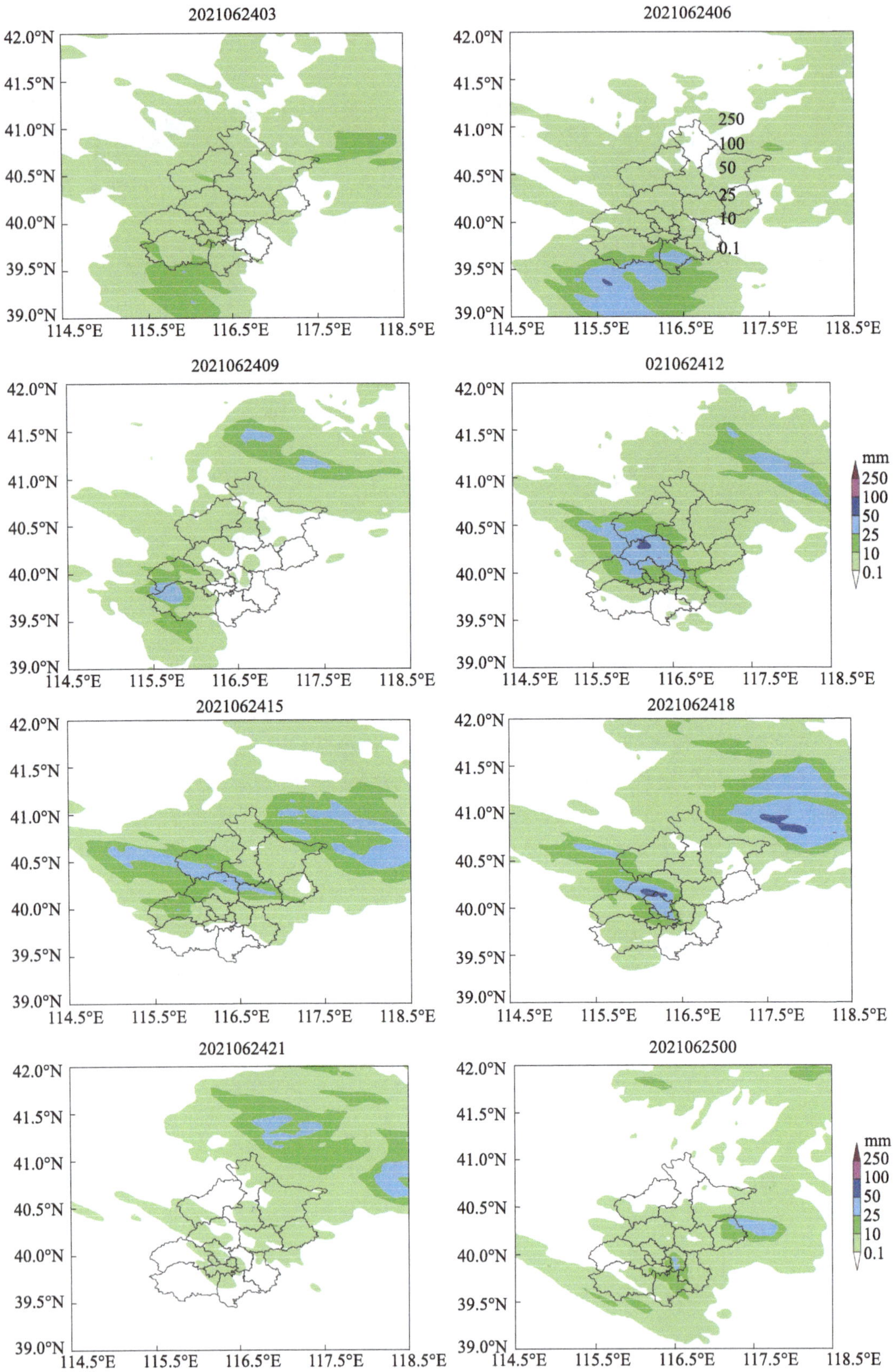

图 4.32　CMA-3 km 模式不同起报时次预报(图中为世界时)6 月 25 日 20—23 时降水

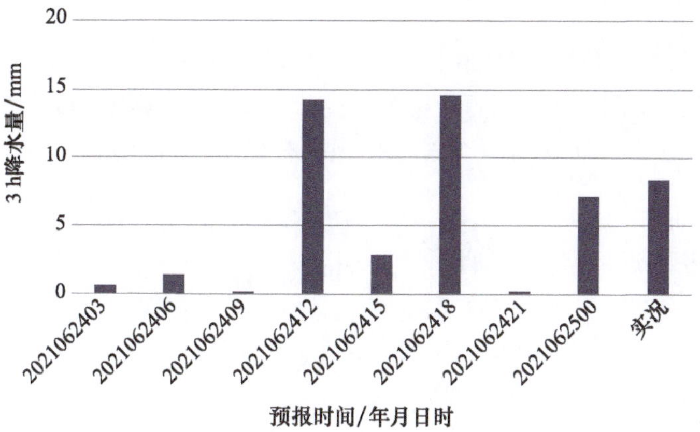

图 4.33 CMA-3 km 模式不同起报时次(图中为世界时)预报奥体中心 6 月 25 日 20—23 时降水

4.2.6 2021 年 6 月 30 日降水过程

这次强对流和降水过程分布非常不均匀,局地性强。北京北部山区、南部和城区西部出现中到大雨,局地暴雨,其余地区为小雨或零星小雨。ECMWF 模式 6 月 30 日 20 时起报结果为大部地区小雨,城区为微量;CMA-GFS 模式 2 个时次起报结果均为全市性小雨。相比实况,ECMWF、CMA-GFS 模式对降雨过程有可预报性,但局地降雨明显偏弱,无法体现局地强降水(图 4.34)。

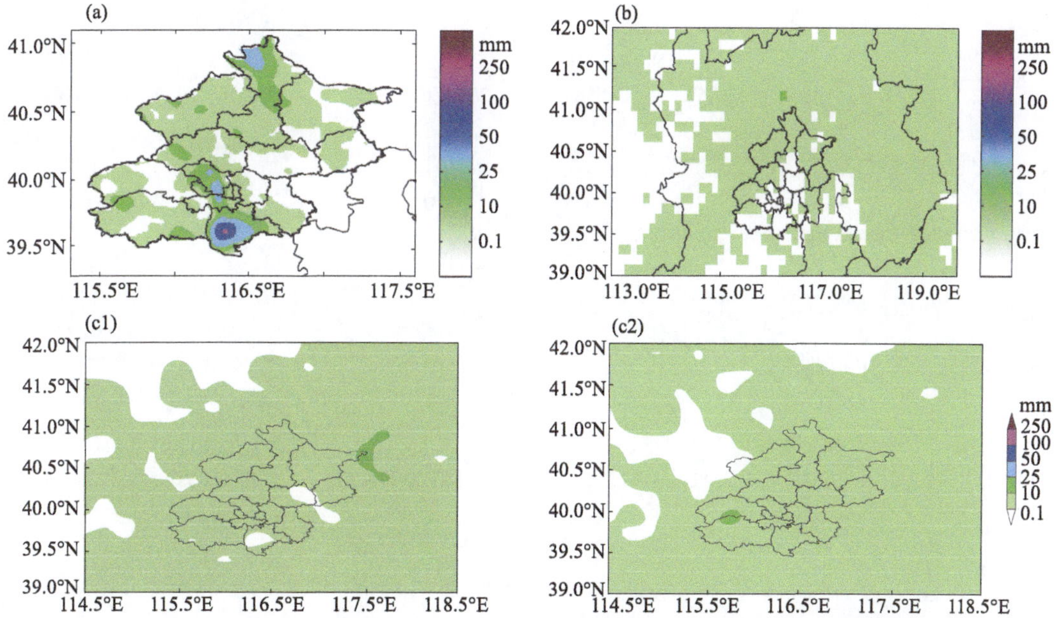

图 4.34 2021 年 6 月 30 日 24 h 降水

(a)实况;(b)ECMWF 模式预报;(c1)CMA-GFS 模式预报(29 日 20 时起报);(c2)CMA-GFS 模式预报(30 日 08 时起报)

从 6 月 30 日 20—23 时,3 h 降水实况来看,降雨主要位于城区西部及南部地区,局地性强,超过 25 mm,个别点在 100 mm 左右;从 CMA-3 km 中尺度模式多时次起报结果来看,29 日 08 时、11 时和 30 日 08 时预报较实况偏弱,其余时次均能指示北京南部的强降水,但范围较实况偏大(图 4.35)。

从主城区和奥体中心单站 6 月 30 日 20—23 时降雨预报来看，大部分预报时次均预报出小雨，量级与实况接近，具有比较好的预报能力；仅 30 日 05 时预报主城区降水量明显偏大，达到大雨(图 4.36)。总体来看，对于固定地点的预报有比较好的指示性。

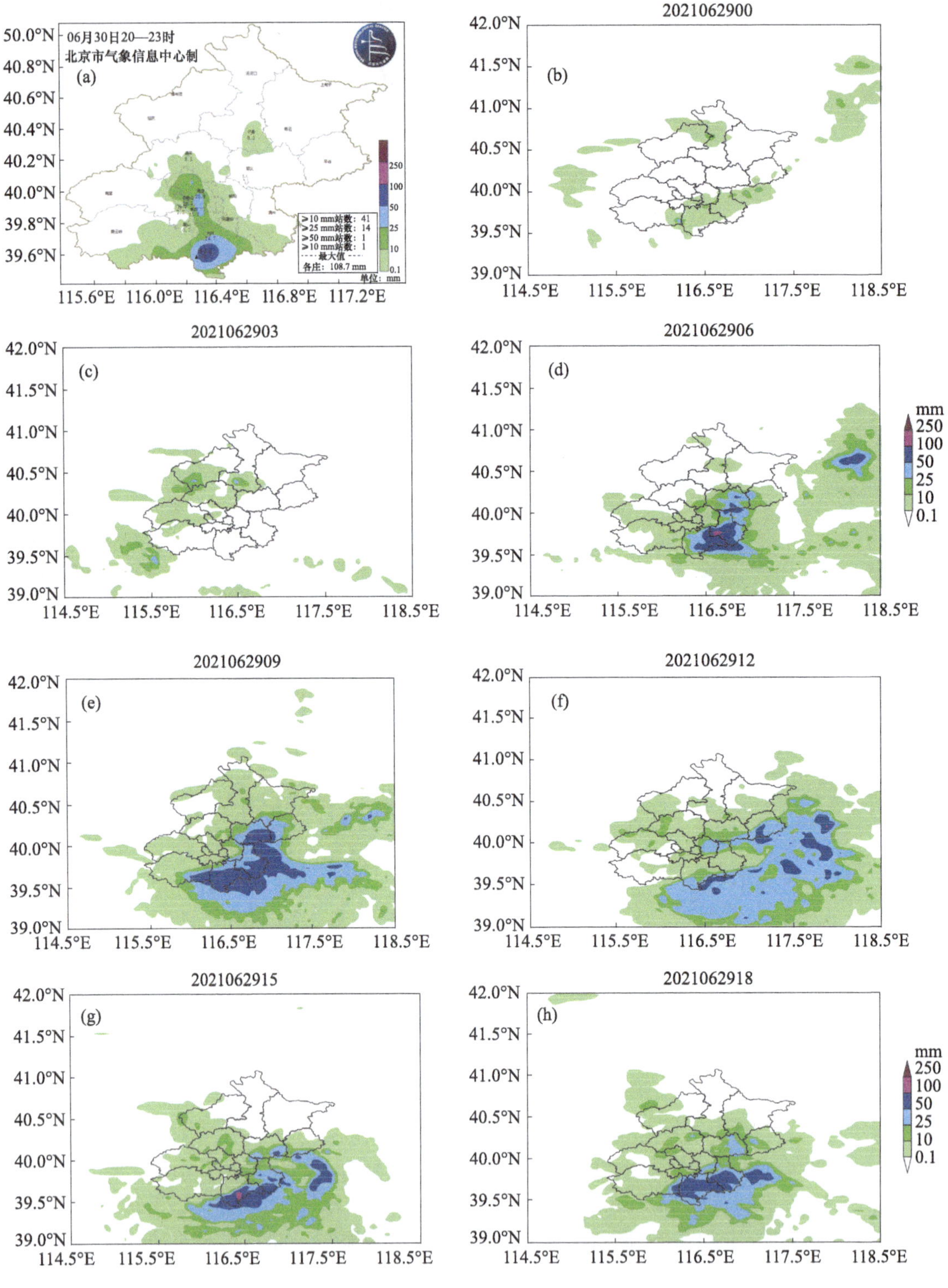

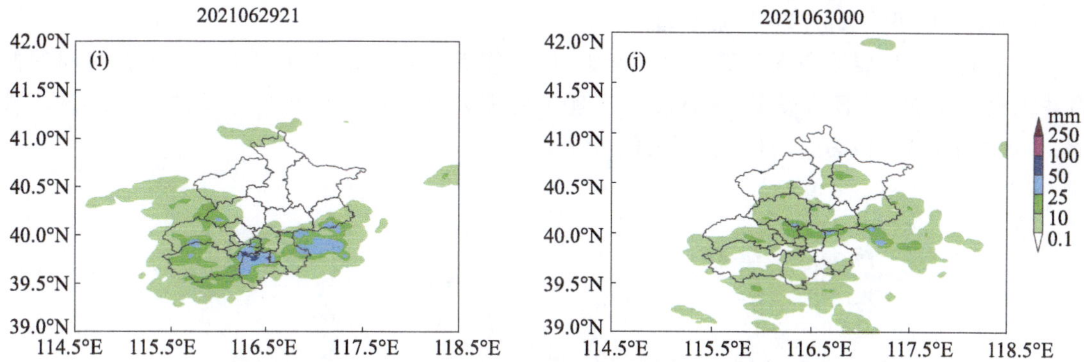

图 4.35　2021 年 6 月 30 日 20—23 时降水实况(a)和 CMA-3 km 模式不同起报时次(图中为世界时)预报对应时段降水(b～j)

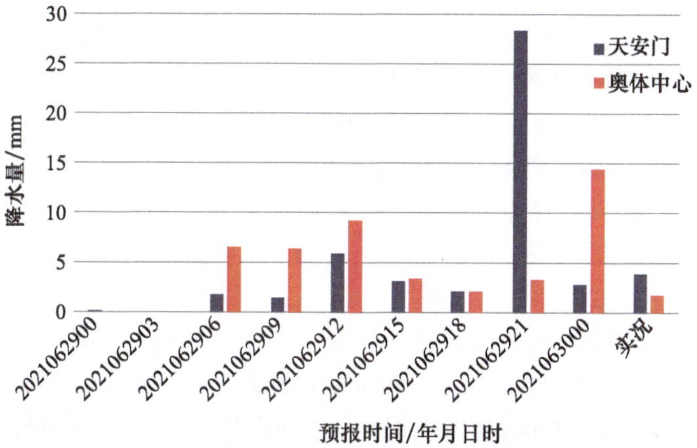

图 4.36　CMA-3 km 模式不同起报时次(图中为世界时)预报主城区和奥体中心 6 月 30 日 20—23 时降水

4.3　CMA-BJ 3 km 短期区域模式降水预报检验

4.3.1　历史暴雨过程检验

本节主要列举 4 次预报难度较大的暴雨过程(表 4.4)进行 CMA-BJ 3 km 模式预报效果检验。主要关注时段为降雨集中的 24 h,起报时间为降雨开始时间的前 24 h,起报时次为当日 08 时、11 时和 20 时以及次日 02 时。

表 4.4　6 月 20 日—7 月 5 日 4 次预报难度较大的暴雨过程

日期	影响系统	分析时段	CMA-BJ 3 km 模式起报时间
2017 年 6 月 22—24 日	河套低涡,地面倒槽	22 日 05 时—23 日 08 时	21 日 08 时,21 日 11 时,21 日 20 时,22 日 02 时
		23 日 08 时—24 日 08 时	22 日 08 时,22 日 11 时,22 日 20 时
2017 年 7 月 3 日	高空槽,地面冷锋	3 日 08 时—4 日 08 时	2 日 08 时,2 日 11 时,2 日 20 时,3 日 02 时
2020 年 7 月 2 日	高空槽,切变线	2 日 08 时—3 日 08 时	1 日 08 时,1 日 11 时,1 日 20 时

(1)2017 年 6 月 22—23 日暴雨过程

北京地区受到弱冷空气和暖湿气流交汇，以及缓慢东移且维持在北京上空较长时间的低涡系统影响，6 月 22 日早晨至 24 日凌晨出现了暴雨天气。降雨有两个时段，第一段为 22 日至 23 日上午，第二段为 23 日午后至夜间(图 4.37)。

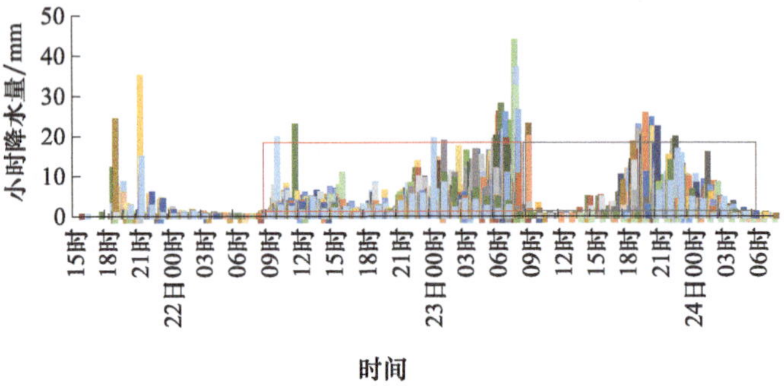

图 4.37　2017 年 6 月 21 日 15 时—24 日 08 时小时降水量随时间分布

（红色框为第一段降雨，蓝色框为第二段降雨，不同颜色柱状图代表前 79 个站点的小时降水量）

第一段降水主要发生在 6 月 22 日夜间，出现了 20～40 mm/h 的短时强降水，城区及北部地区局地出现大暴雨(图 4.38a～图 4.38c)。CMA-BJ 3 km 模式预报降雨从 22 日白天开始，白天有小到中雨，夜间有暴雨，南部局地大暴雨。21 日 08 时起报的降雨，22 日夜间降雨落区预报偏差较大，但是量级较吻合(图 4.38 d～图 4.38f)；21 日 11 时起报的降雨也集中在 22 日夜间，但量级和落区预报均存在较大偏差，暴雨点较少，且在西部山前(图 4.38 g～图 4.38i)。多时次起报结果对比，21 日 08 时起报的效果相对较好。总体来讲，模式预报的降雨开始时间略提前，但是降雨呈现逐步加强态势，与实况较为吻合。分析 22 日 20 时 500 hPa 和 850 hPa 的高空形势场，发现高层系统预报存在偏差，500 hPa 横槽伴随冷空气向南移动，发展加深，形成气旋式环流，模式预报槽的位置偏南，槽后西北风偏强，系统移速较快，从而导致预报的降雨提前(图 4.39)。

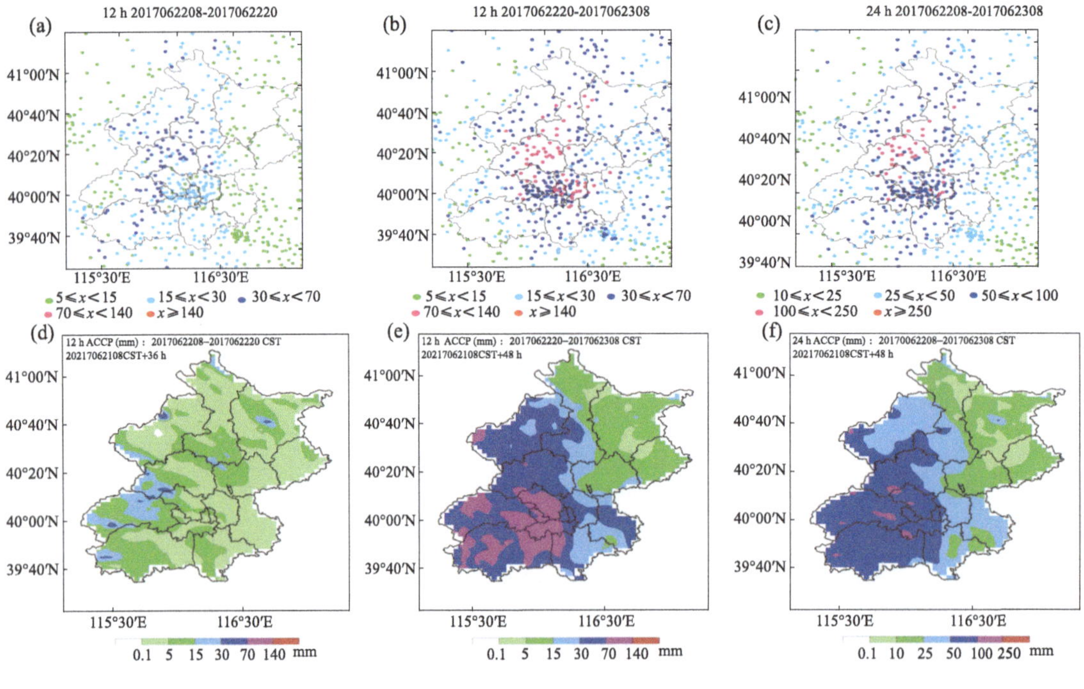

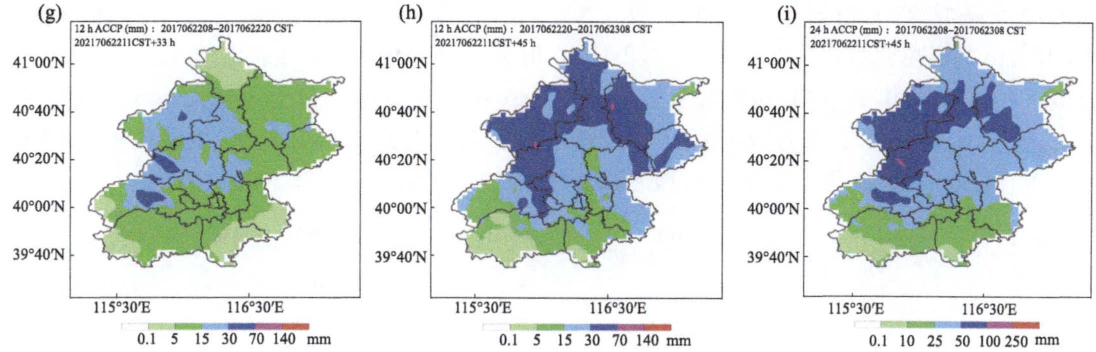

图 4.38　2017 年 6 月 21 日 08 时(d～f)和 11 时(g～i)CMA-BJ 3 km 模式起报的 22 日 12 h 和 24 h 累积降水量与实况(a～c)对比

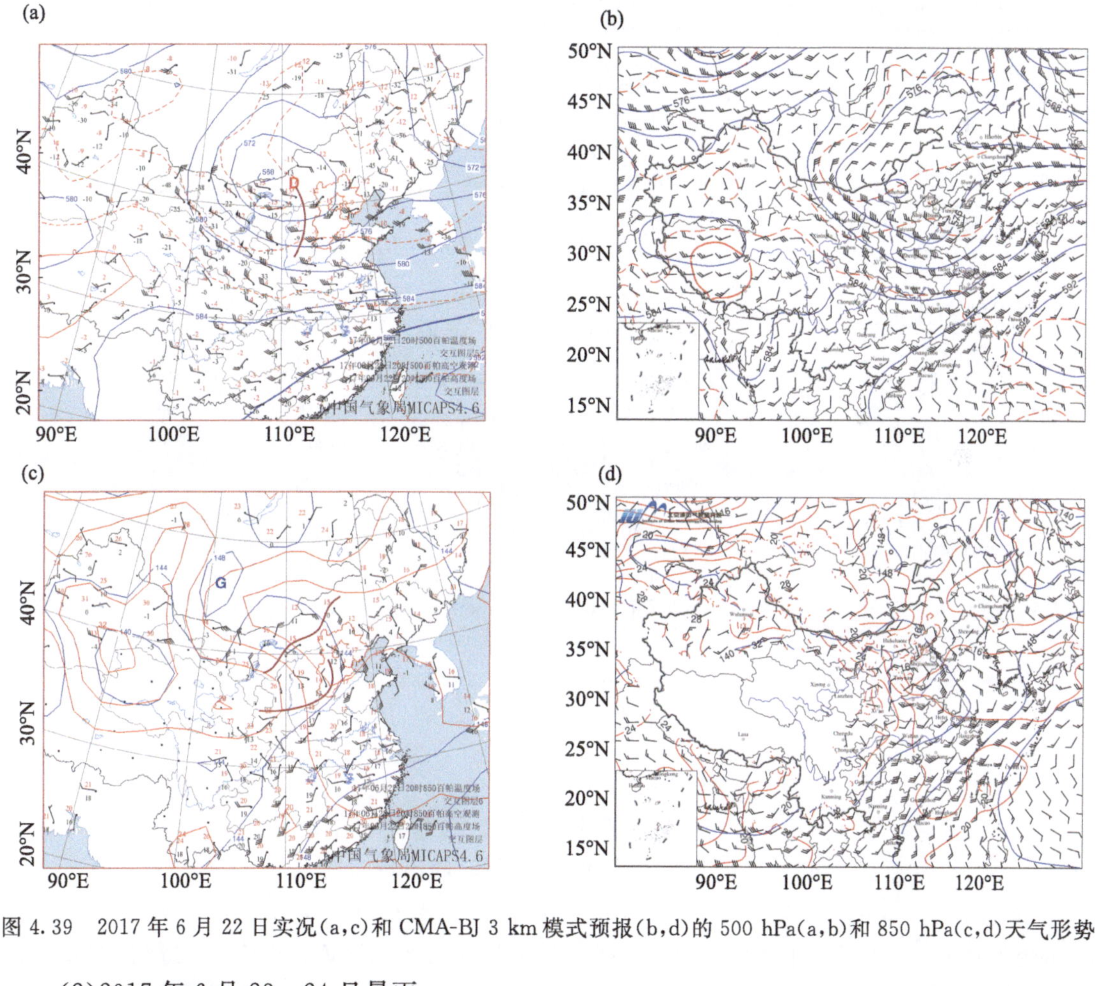

图 4.39　2017 年 6 月 22 日实况(a,c)和 CMA-BJ 3 km 模式预报(b,d)的 500 hPa(a,b)和 850 hPa(c,d)天气形势

(2)2017 年 6 月 23—24 日暴雨

这是前面所述的第二段暴雨，主要发生在 6 月 23 日下午至 24 日早晨，累积降水量达暴雨，局地大暴雨。23 日傍晚，随着切变线南压，强降雨主要影响城区及北部地区，前半夜有 20～30 mm/h的短时强降水，24 日早晨北京转受低涡后部影响，降雨基本结束(图 4.37)。CMA-BJ 3 km 模式 22 日 08 时起报的降雨开始时间和观测结果较吻合，但降雨结束时间偏晚；此

外，预报降雨在 23 日白天明显偏弱，主要在 23 日夜间，降雨落区预报偏差较大，城区降水量偏小，大暴雨主要在北京西南和东北部。22 日 11 时起报的降雨与 08 时起报结果类似，预报降雨也主要发生在 23 日夜间，城区降水量预报明显偏小，预报西南山前地区有大暴雨点，落区预报偏差较大（图 4.40）。通过比较预报与实况的形势场（图略），发现 500 hPa 低涡位置、后部横槽位置预报均有偏差，因此对降雨时段和降雨结束时间有影响。

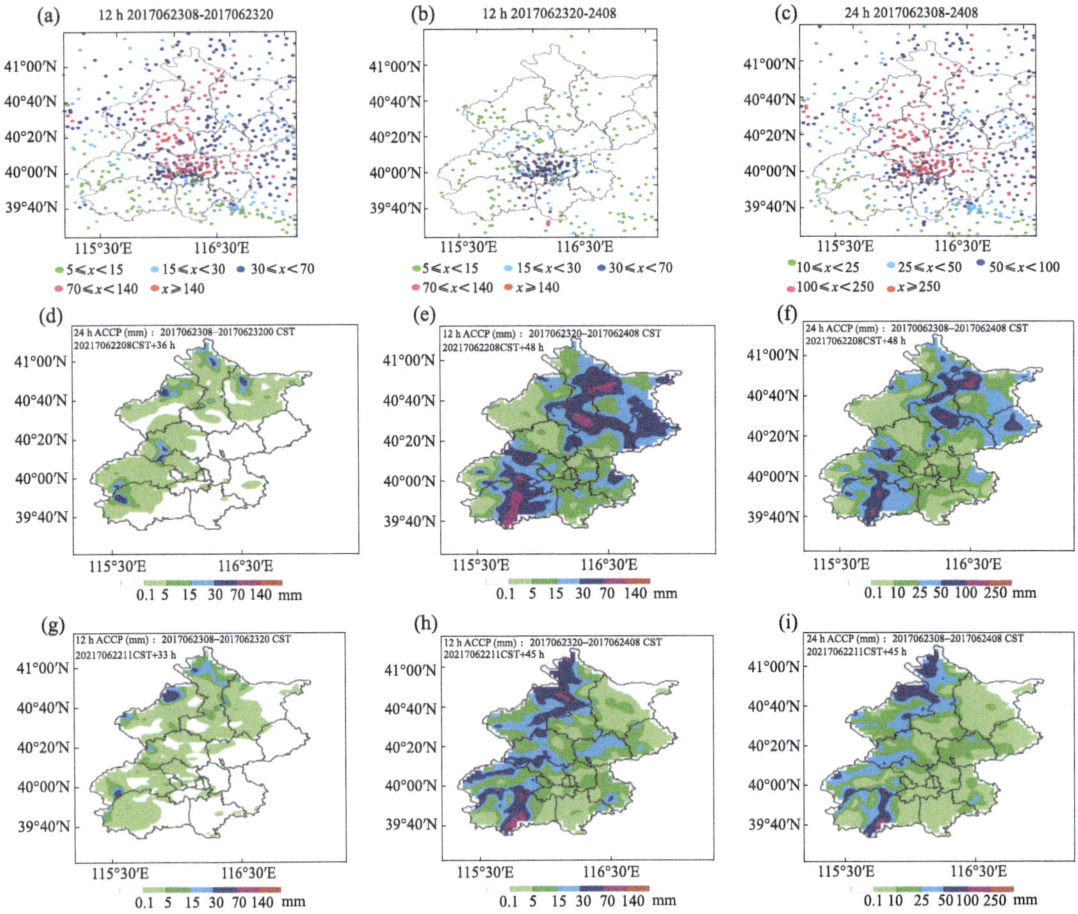

图 4.40　2017 年 6 月 22 日 08 时（d～f）和 22 日 11 时（g～i）CMA-BJ 3 km 模式起报的 23 日 12 h 和 24 h 累积降水量与实况（a～c）对比

（3）2017 年 7 月 3—4 日暴雨过程

7 月 3 日傍晚至 4 日上午，北京出现雷阵雨天气，雨量分布不均，主要影响时间为 7 月 4 日 02—08 时，暴雨主要出现在西南部山区和城区西部，局地短时雨强较大（图 4.41）。

CMA-BJ 3 km 模式预报 3 日白天北部有雷阵雨，午夜到次日凌晨有全市范围雷阵雨。2 日 08 时起报的降水时间和落区偏差较大，预报的降水量级与实况接近。3 日 02 时起报的效果较好，但是最强降水时段提前 3～6 h，且强度偏强，降水结束的时间较实况监测提前 3 h 以上（图 4.42）。此外，图 4.43 显示了 7 月 3 日 08 时、14 时和 20 时探空实况和模式预报情况，可以看出午后北京观象台 CAPE 超过 1200 J/kg，能量条件较好，预报的 CAPE 略偏弱，但也反映出比较好的对流条件。为了探究预报降雨时间提前和落区偏差较大的原因，图 4.44 比较了预报和实况的地面天气图，发现预报冷锋的移速比实况快一些，这使得模式预报的降水起始时间有所提前。除此之外，预报的冷锋前部的东南风有加强趋势，风场的辐合加剧，导致预报降雨强度偏大。

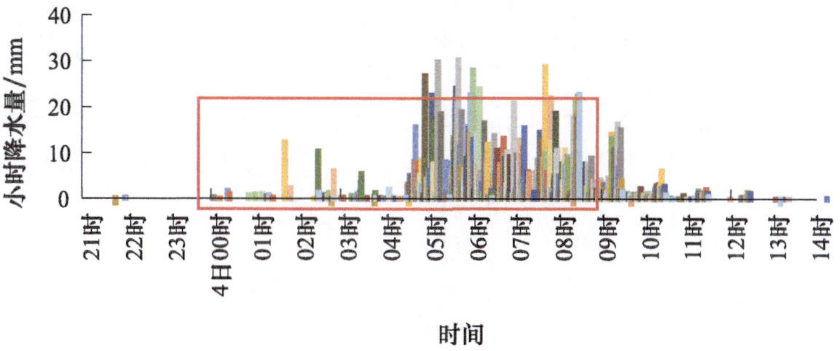

图 4.41　2017 年 7 月 3 日 21 时—4 日 14 时小时降水量随时间分布(红色框为分析时段)

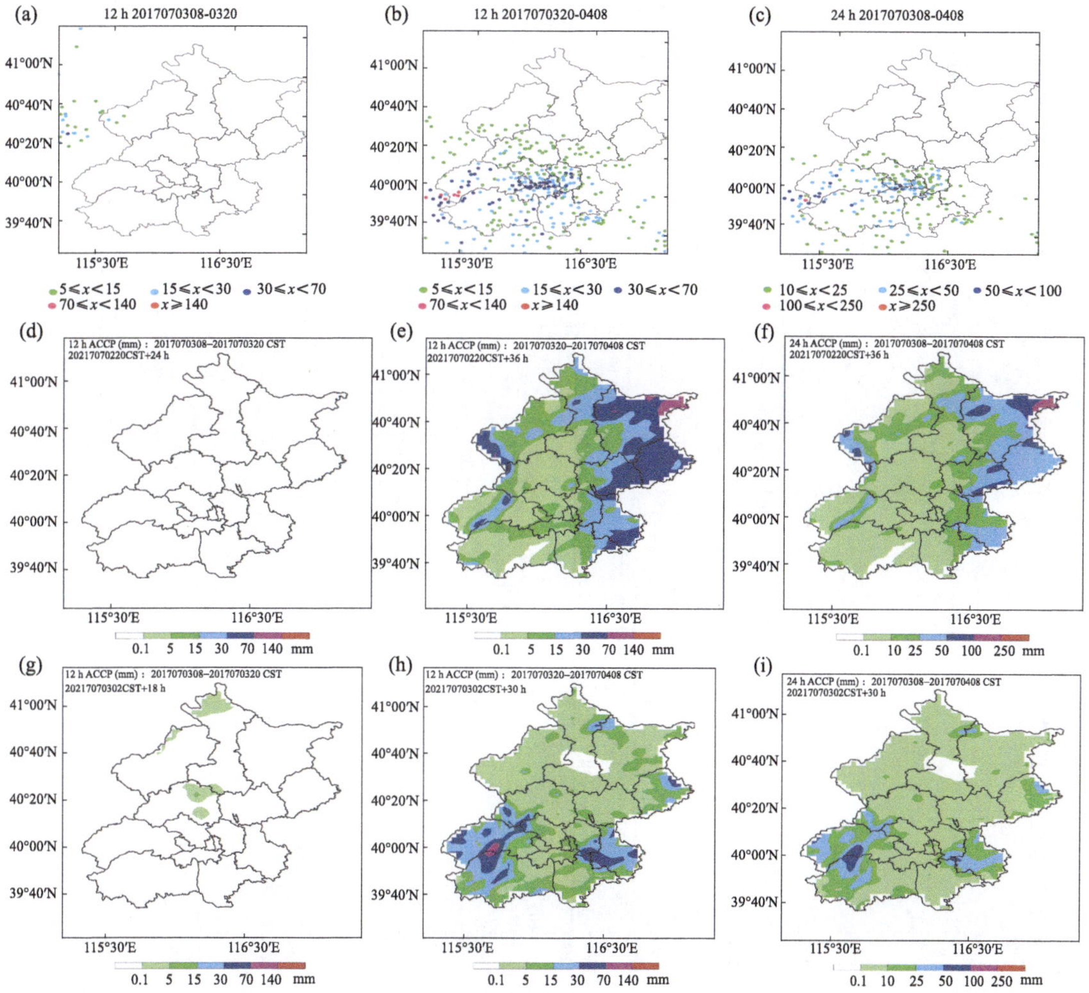

图 4.42　2017 年 7 月 2 日 20 时(d～f)和 3 日 02 时(g～i)CMA-BJ 3 km 模式起报的 3 日 12 h 和 24 h 累积降水量与实况(a～c)对比

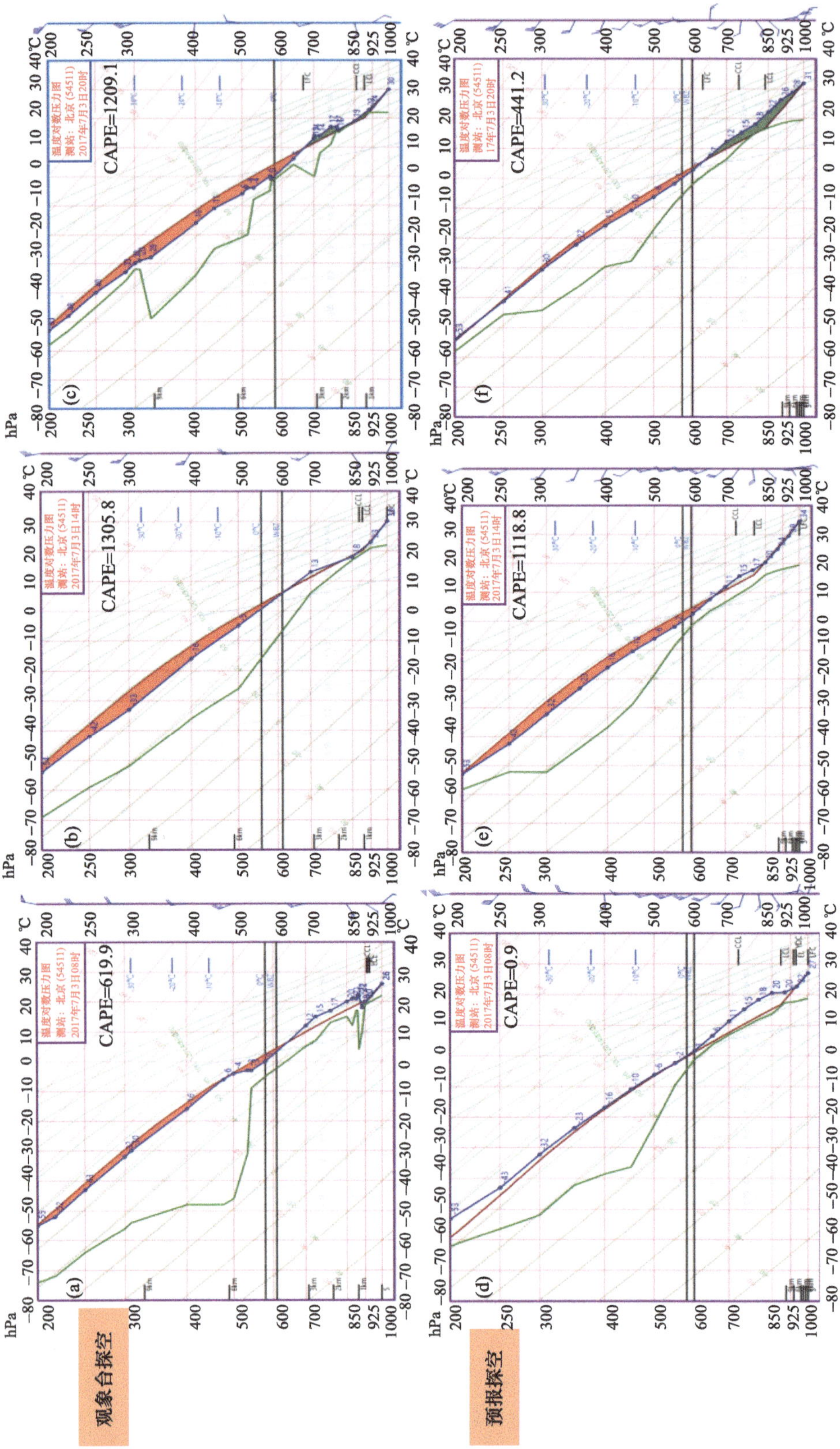

图 4.43　2017 年 7 月 3 日 08 时(a,d)、14 时(b,e)和 20 时(c,f)北京观象台探空(a～c)和 CMA-BJ 3 km 模式预报探空(d～f)情况

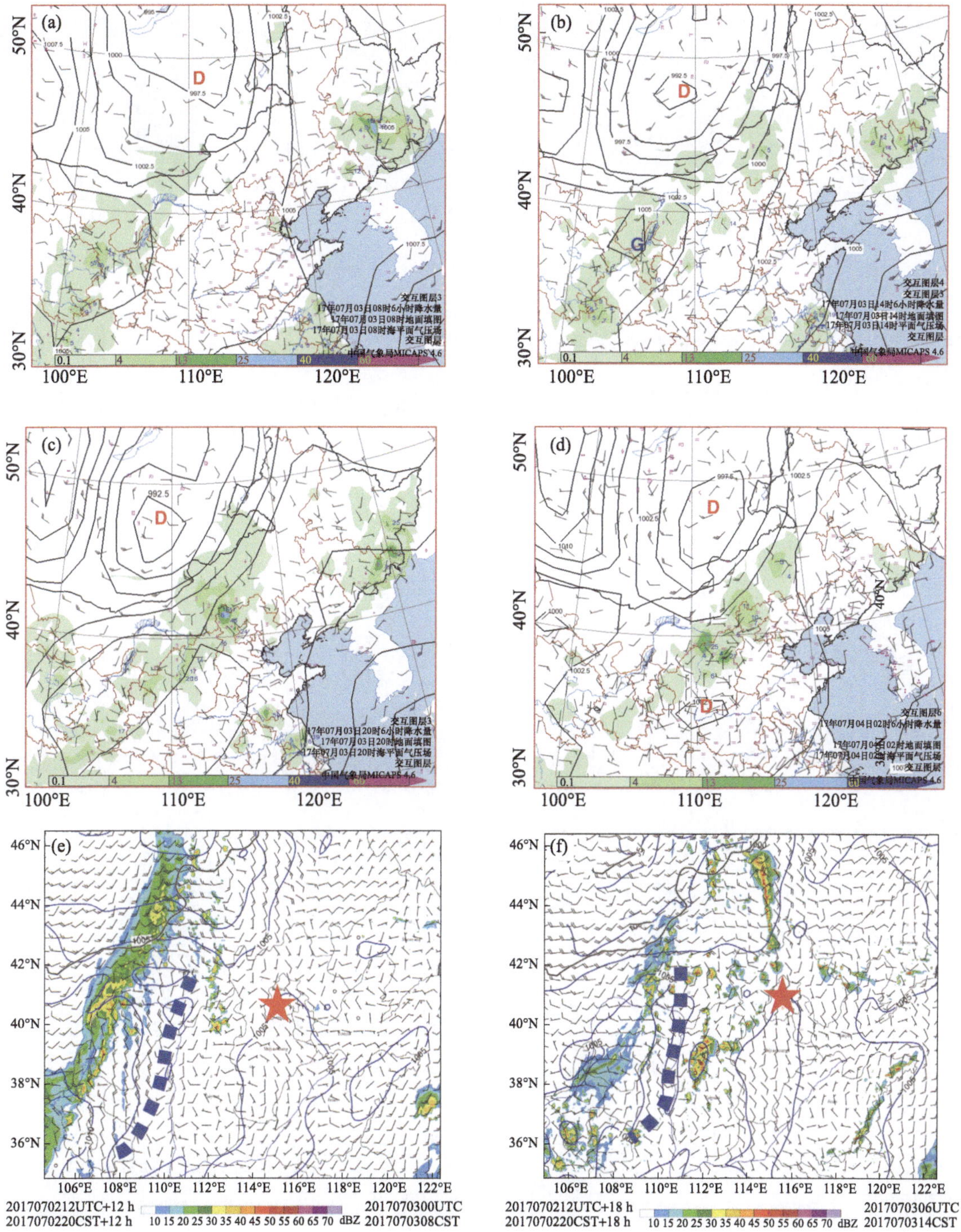
(a)
(b)
(c)
(d)
(e)
(f)
50°N
40°N
30°N
100°E
110°E
120°E
D
G
交互图层3
17年07月03日08时6小时降水量
17年07月03日08时地面填图
17年07月03日08时海平面气压场
交互图层
中国气象局MICAPS 4.6
交互图层4
交互图层3
17年07月03日14时6小时降水量
17年07月03日14时地面填图
17年07月03日14时平面气压场
交互图层
17年07月03日20时6小时降水量
17年07月03日20时地面填图
17年07月03日20时海平面气压场
交互图层6
17年07月04日02时6小时降水量
17年07月04日02时地面填图
17年07月04日02时海平面气压场
0.1 4 13 25 40 60
46°N
44°N
42°N
40°N
38°N
36°N
106°E 108°E 110°E 112°E 114°E 116°E 118°E 120°E 122°E
2017070212UTC+12 h
2017070220CST+12 h
2017070300UTC
2017070308CST
2017070212UTC+18 h
2017070220CST+18 h
2017070306UTC
2017070314CST
10 15 20 25 30 35 40 45 50 55 60 65 70 dBZ

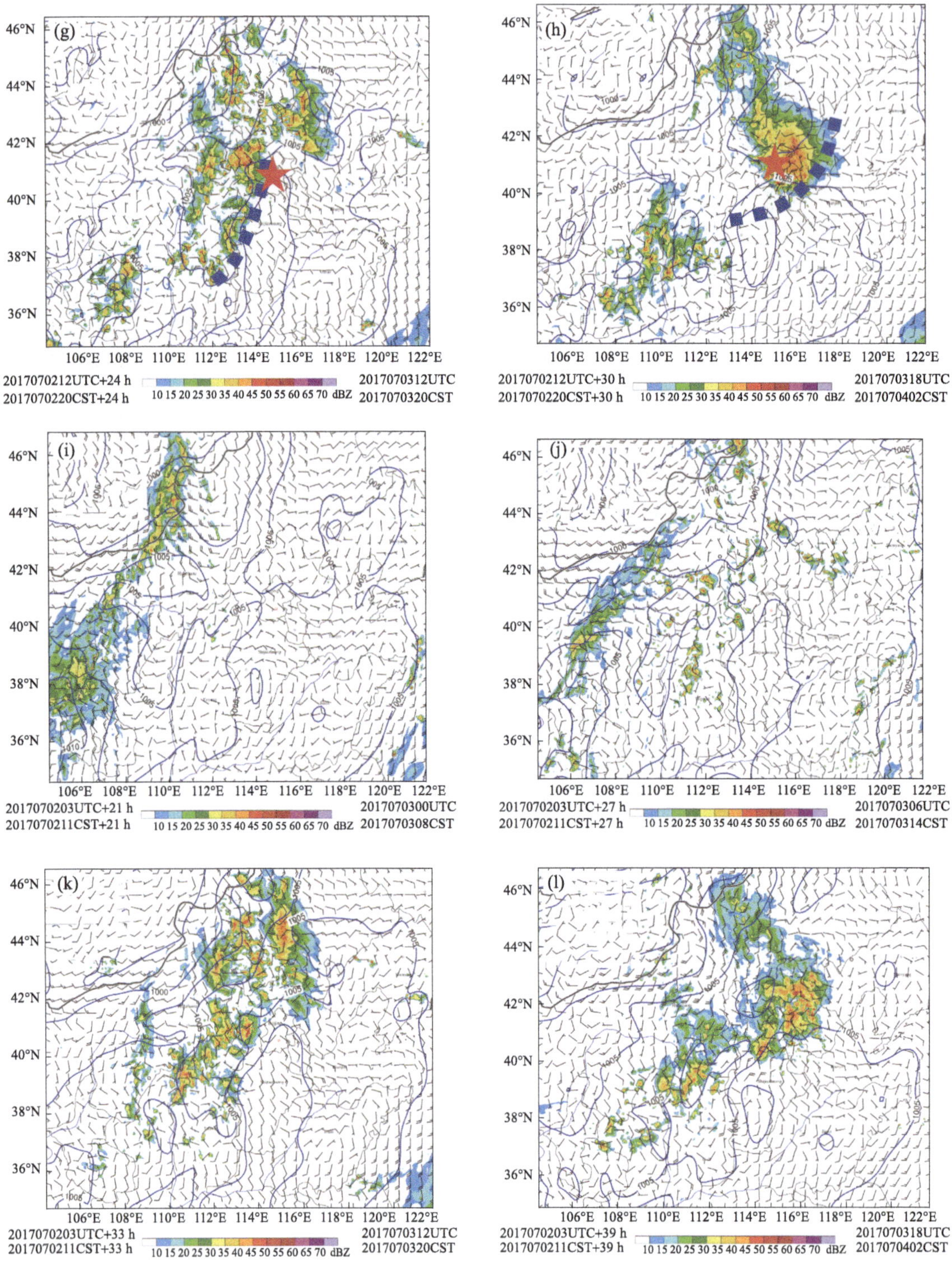

图 4.44　2017 年 7 月 3 日 08 时(a,e,i)、14 时(b,f,j)、20 时(c,g,k)和
4 日 02 时(d,h,l)CMA-BJ 3 km 模式预报(e～l)地面天气形势与实况(a～d)比较
(a～d 填色为实况 6 h 降水量；e～i 填色为 CMA-BJ 3 km 模式预报雷达反射率，蓝色虚线为预报锋面所在位置)

(4)2020 年 7 月 2—3 日暴雨过程

受高空槽和偏南暖湿气流的共同影响，北京地区在 7 月 2 日白天至 3 日白天出现暴雨过程，主要降雨时段在 2 日夜间。此次降雨具有累积雨量大、分布极不均匀、短时雨强大的特点。中心城区为小雨，城区西部有中雨，暴雨在西部地区，沿山地区出现大暴雨点，受地形影响显著(图 4.45)。CMA-BJ 3 km 模式预报降雨开始时间为 2 日 14 时，比实况提前 3 h，并且强降水落区偏差大(图 4.46)。预报偏差主要来源于 ECMWF 模式背景场的影响，西来槽后部高压较强、西北风较大，使系统东移加快，导致降雨提前；此外，CMA-BJ 3 km 模式对地形影响降雨的模拟能力不足，没有体现强降雨沿山分布这一特征(图 4.47)。

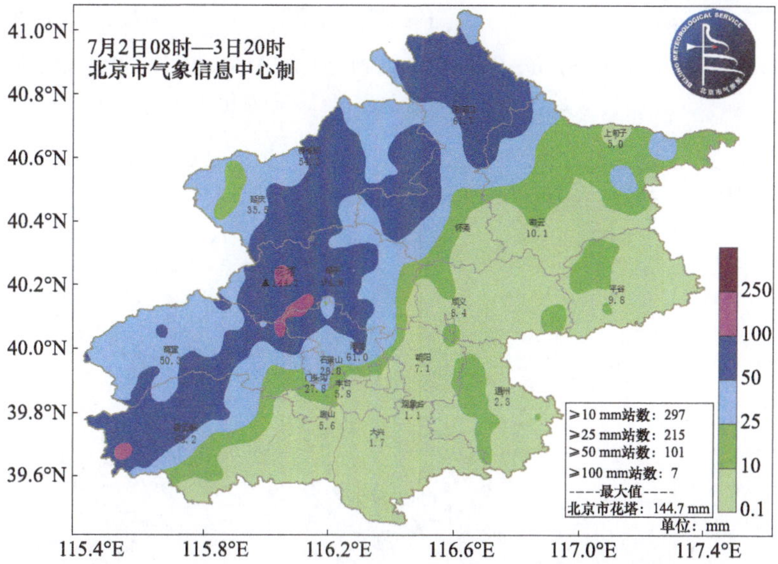

图 4.45　2020 年 7 月 2 日 08 时—3 日 20 时北京地区累积降雨分布

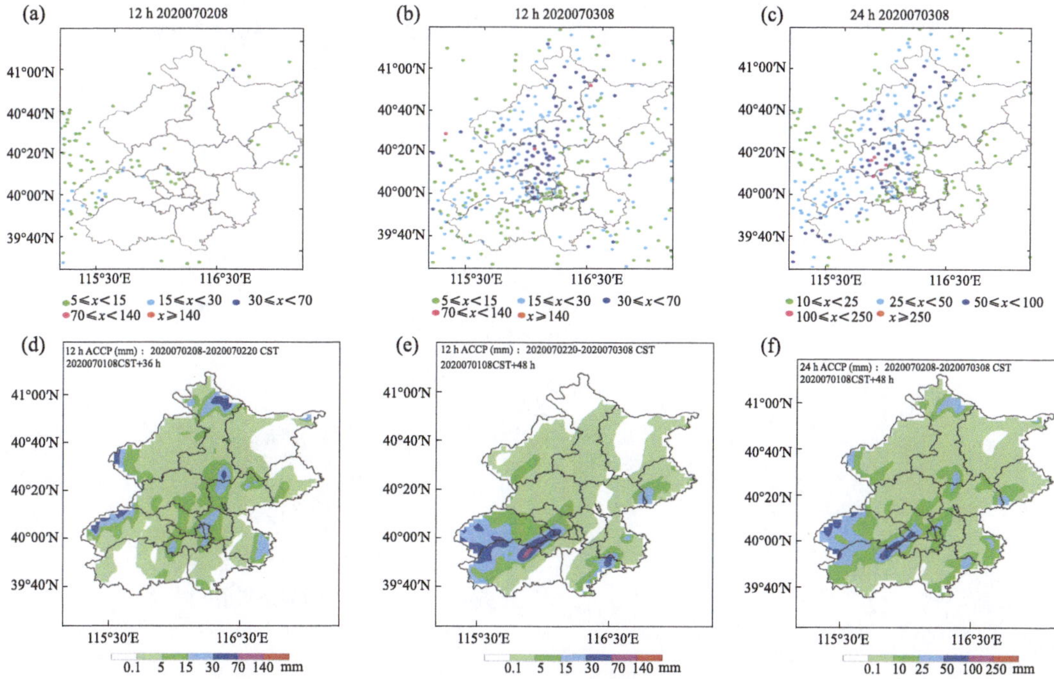

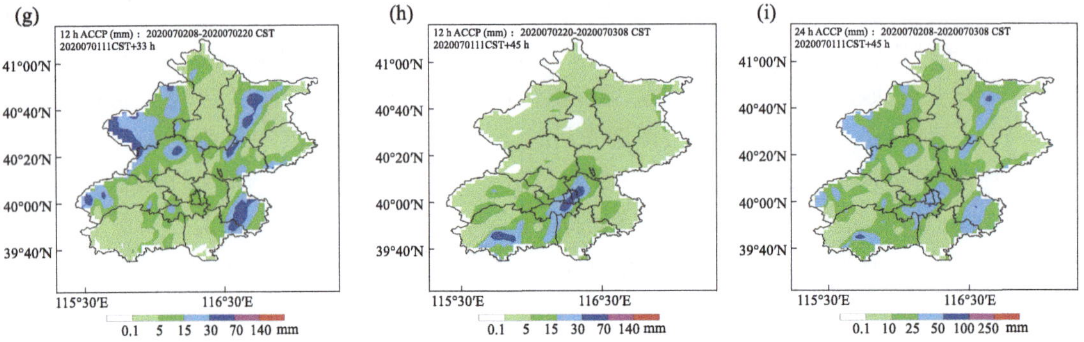

图 4.46　2020 年 7 月 01 日 08 时(d～f)和 01 日 11 时(g～i)CMA-BJ 3 km 模式起报的 2 日 12 h 和 24 h 累积降水量与实况(a～c)对比

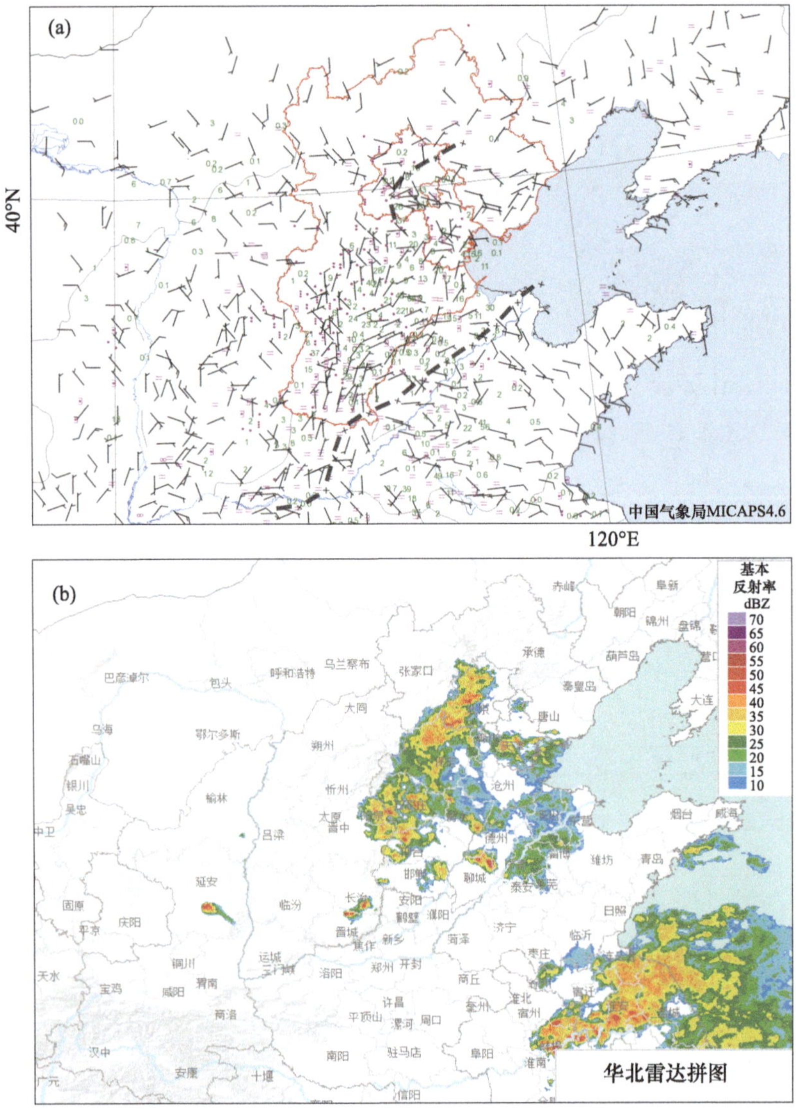

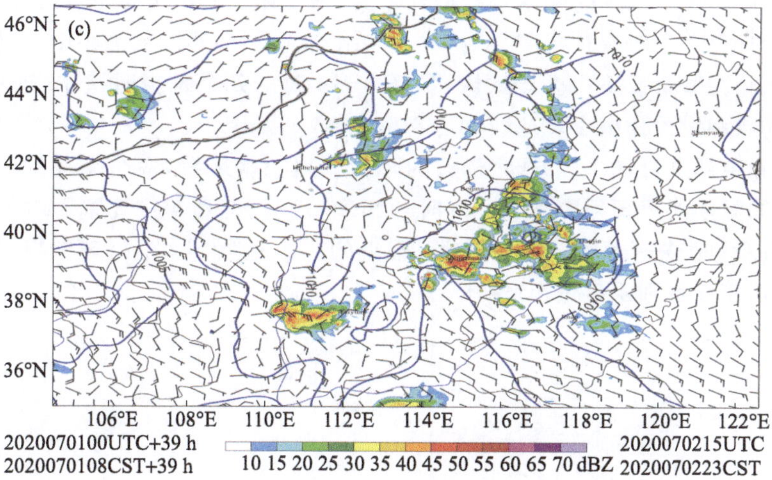

图 4.47　2020 年 7 月 2 日 23 时实况地面形势及风场(a)、华北雷达拼图实况(b)
及 CMA-BJ 3 km 模式预报的地面天气形势(填色为预报的雷达回波)(c)

总体而言，CMA-BJ 3 km 模式对暴雨过程无漏报情况，08 时起报的预报结果相对较好，个别过程为次日 02 时起报的结果较好。不同过程在降水量级、降雨落区及主要影响时间上与实况相比仍有不同程度的偏差。偏差一方面来源于 ECMWF 模式背景场，如预报低涡位置、后部横槽位置偏差均会对降雨开始和结束时间有影响；另一方面是模式对于偏东风与地形相互作用的预报能力还不足，需要从边界层等资料开始进行优化，有望降低预报误差。

4.3.2　2021 年 6 月 20 日—7 月 5 日高影响天气过程检验

针对 2021 年 6 月 20 日—7 月 5 日发生的 3 次高影响天气，进行 CMA-BJ 3 km 模式检验(表 4.5)。

表 4.5　2021 年 6 月 20 日—7 月 5 日高影响天气过程

序号	降水过程	关注时段	主要影响时段	关注场地
1	2021 年 6 月 25 日	25 日 17 时—26 日 03 时	25 日 21—23 时	奥体中心
2	2021 年 6 月 30 日	6 月 30 日 19 时—7 月 1 日 01 时	30 日 20—22 时	主城区
3	2021 年 7 月 1 日	1 日 08—20 时	1 日 08—11 时	主城区

(1)2021 年 6 月 25 日过程

6 月 25 日下午至夜间的对流活动，CMA-BJ 3 km 模式多个时次均预报出对流回波由北京的西北部地区向东南方向移动，下山后影响奥体中心。但是在路径和影响时间上有一些偏差，实况飑线的路径自北向南，而模式预报为西北—东南方向。从时间来看，24 日 20 时起报的结果对流下山和影响奥体中心的时间略偏早；25 日 02 时预报效果较好，两波对流与实况较为接近；25 日 08 时起报的第 1 波对流强度偏弱，第 2 波对流强度偏强，时间偏晚(图 4.48)。

从 24 h 降水落区来看，与 ECMWF 模式相比，CMA-BJ 3 km 模式有更好的预报能力，能体现出局地强降水分布不均的特征，并且随时效临近，6 月 24 日 20 时起报、25 日 02 时和 08 时起报均能反映出北京地区西北—东南向的雨带，且主要位于北京的北部地区，但是暴雨落区略有偏差(图 4.49a 和图 4.49b)。

从奥体中心单站20—23时降水预报检验来看，多个循环时次预报定点的降水量大小有一定的波动。其中，有7个时次预报明显偏强，为大雨到暴雨，而实况仅为小雨。其次，有6个时次预报明显偏弱，为微量或不足2 mm降水。08—18时的几个预报时次中，这种波动均非常大，导致场馆定点和定量预报出现比较大的不确定性(图4.49c)。

从奥体中心单站当日(6月25日)全天的降水预报检验来看，多个循环的CMA-BJ 3 km模式均把主要的降水时段预报在25日20时—26日02时，能覆盖主要降雨时段，但时间偏长3 h左右。此外，主要降雨时段(20—23时)，临近的3个时次有2个循环预报雨量明显偏大，最邻近的循环预报雨量则明显偏小(图4.49d)。

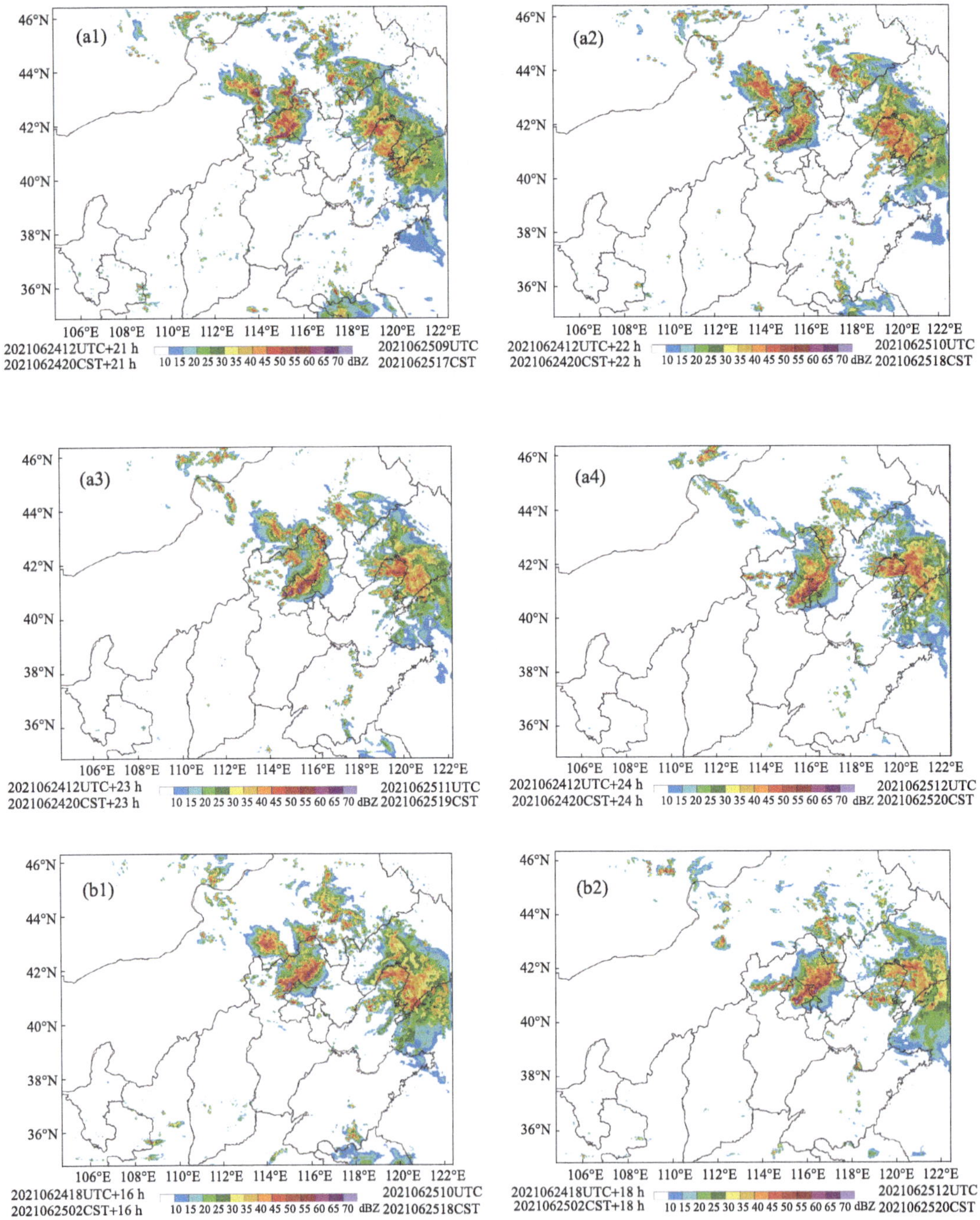

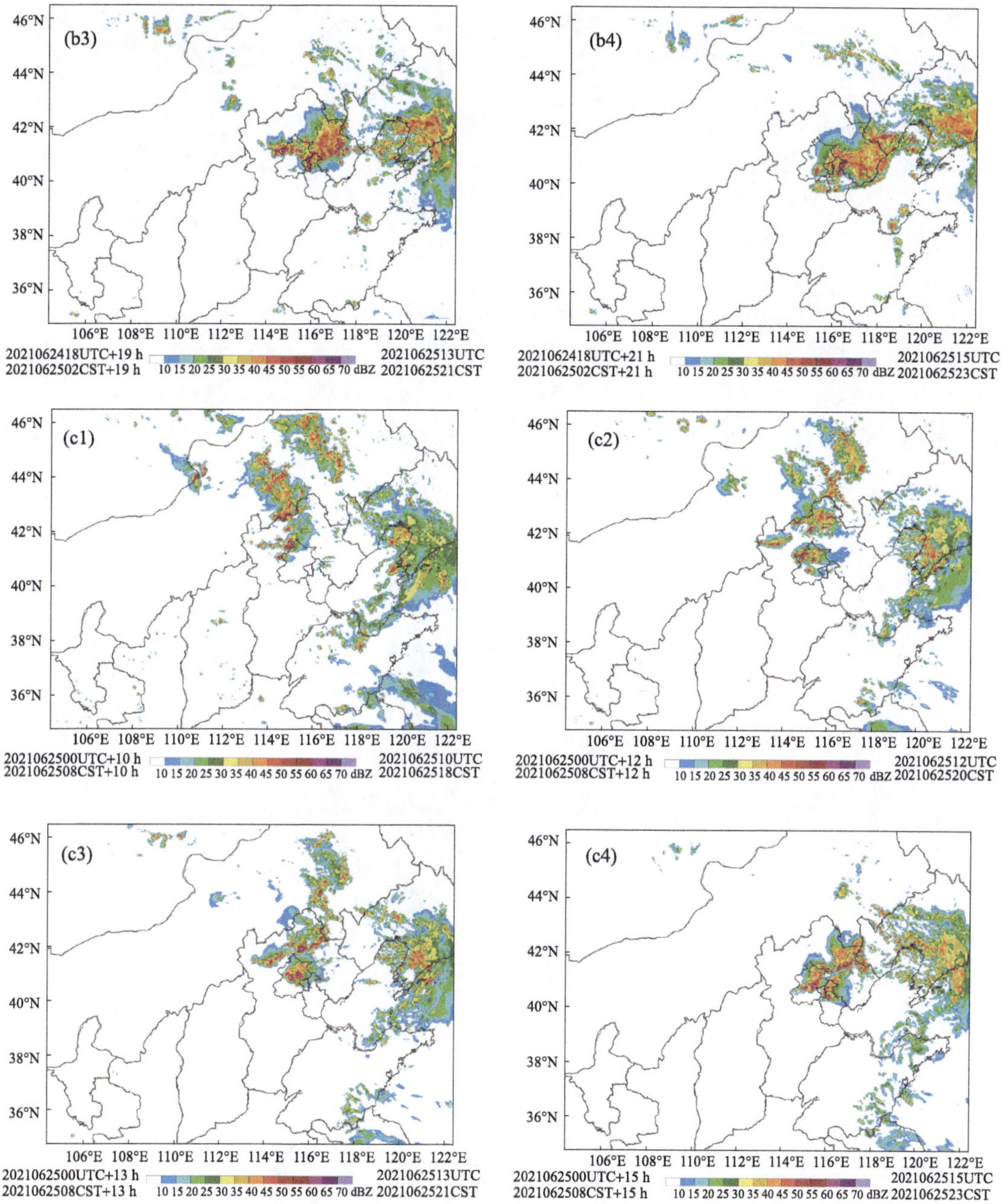

图 4.48　CMA-BJ 3 km 模式预报 6 月 25 日对流过程

(a 为 24 日 20 时起报，b 为 25 日 02 时起报，c 为 25 日 08 时起报)

(a1)17 时；(a2)18 时；(a3)19 时；(a4)20 时；(b1)18 时；(b2)20 时；(b3)21 时；(b4)23 时；

(c1)18 时；(c2)20 时；(c3)21 时；(c4)23 时

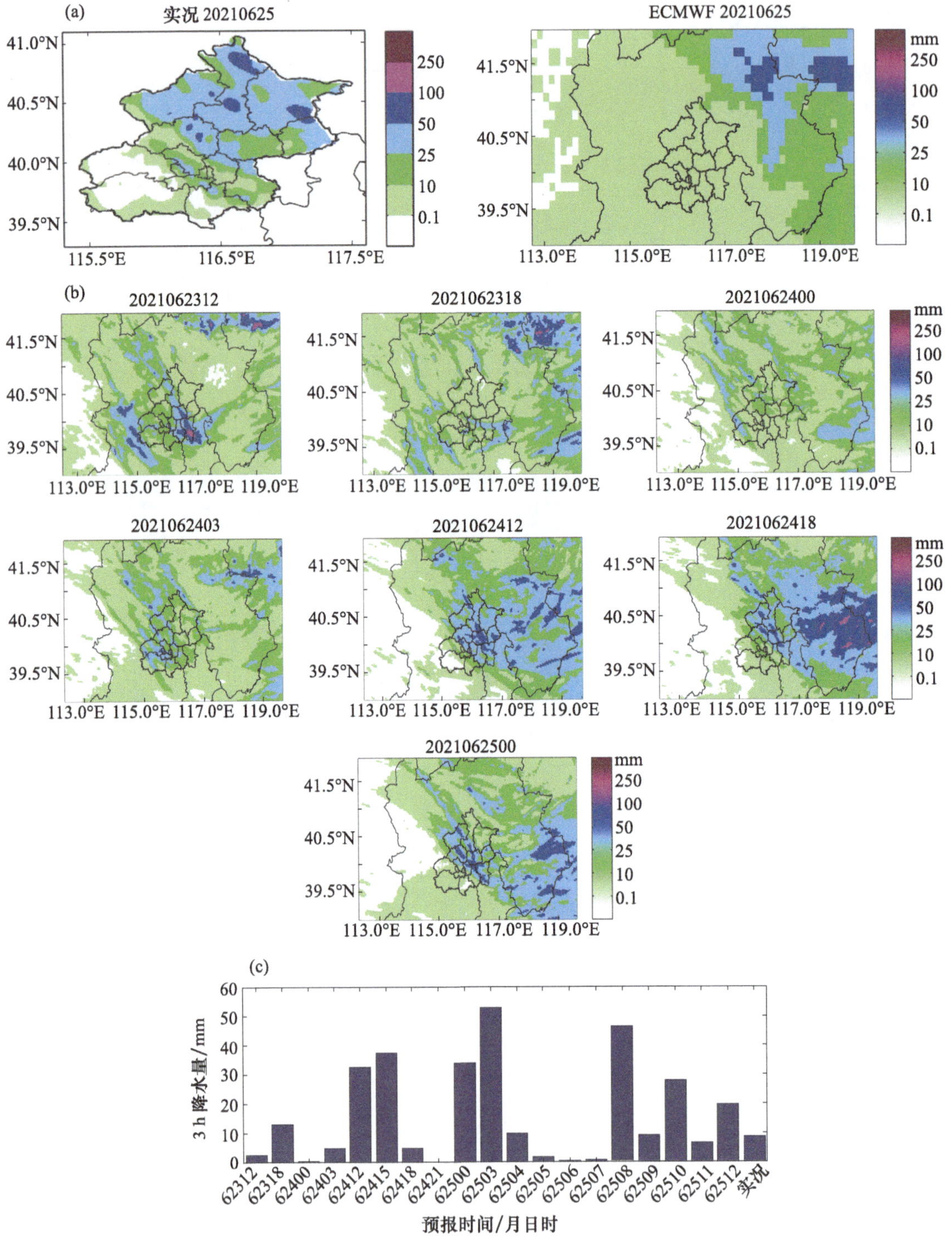
(a)
实况 20210625
41.0°N
40.5°N
40.0°N
39.5°N
115.5°E
116.5°E
117.5°E
250
100
50
25
10
0.1
ECMWF 20210625
41.5°N
40.5°N
39.5°N
113.0°E
115.0°E
117.0°E
119.0°E
mm
(b)
2021062312
2021062318
2021062400
2021062403
2021062412
2021062418
2021062500
(c)
3 h 降水量/mm
60
50
40
30
20
10
0
62312
62318
62400
62403
62412
62415
62418
62421
62500
62503
62504
62505
62506
62507
62508
62509
62510
62511
62512
实况
预报时间/月日时

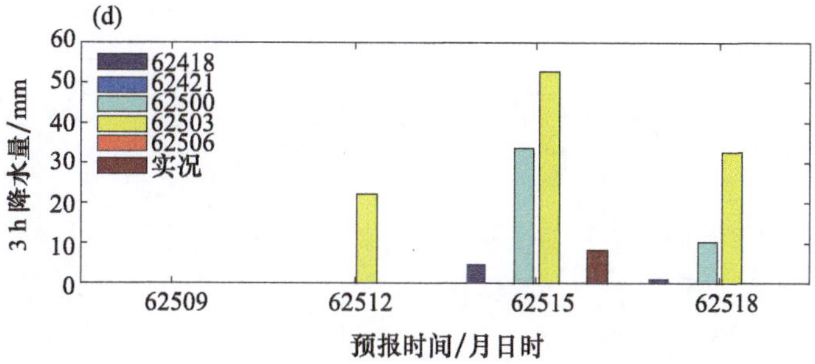

图 4.49 2021 年 6 月 25 日 24 h 降水实况与 ECMWF 模式预报对比(a)、CMA-BJ 3 km 模式多时次 24 h 降水预报(b)、CMA-BJ 3 km 模式多时次预报奥体中心 25 日 20—23 时降水与实况对比(c)和 CMA-BJ 3 km 模式多时次预报主城区 25 日逐 3 h 降水与实况对比(图中为世界时)

(2)2021 年 6 月 30 日过程

6 月 30 日傍晚至前半夜的强对流和降雨过程,CMA-BJ 3 km 模式在 29 日起报的各循环基本均为对流下山减弱消失,对主城区无影响,预报偏差较大;30 日 02 时开始的循环结果有明显的改进,能预报出对流单体下山过程,但总体位置偏北,且表现出到下游加强的特征,对城区及西部的影响较小,仍然存在对流落区的偏差;30 日 11 时开始的循环预报效果进一步改善,位置和影响时间均与实况比较接近(图 4.50)。

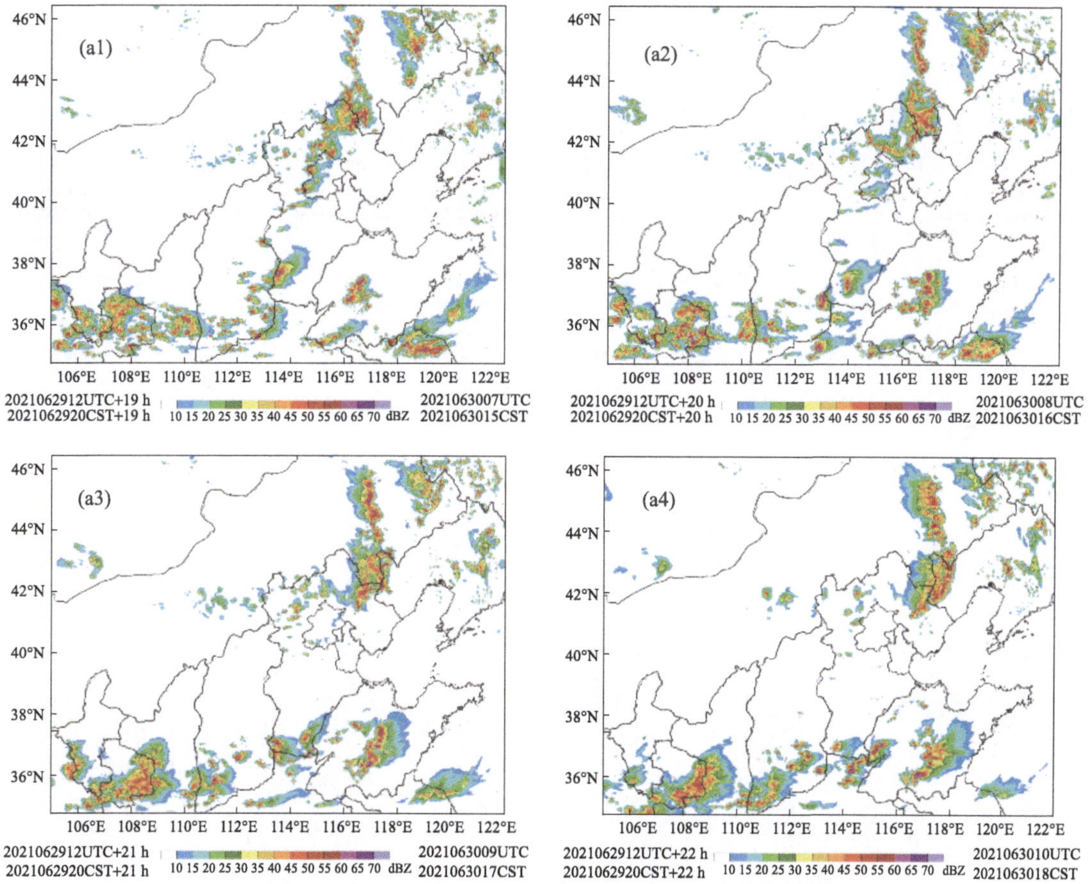

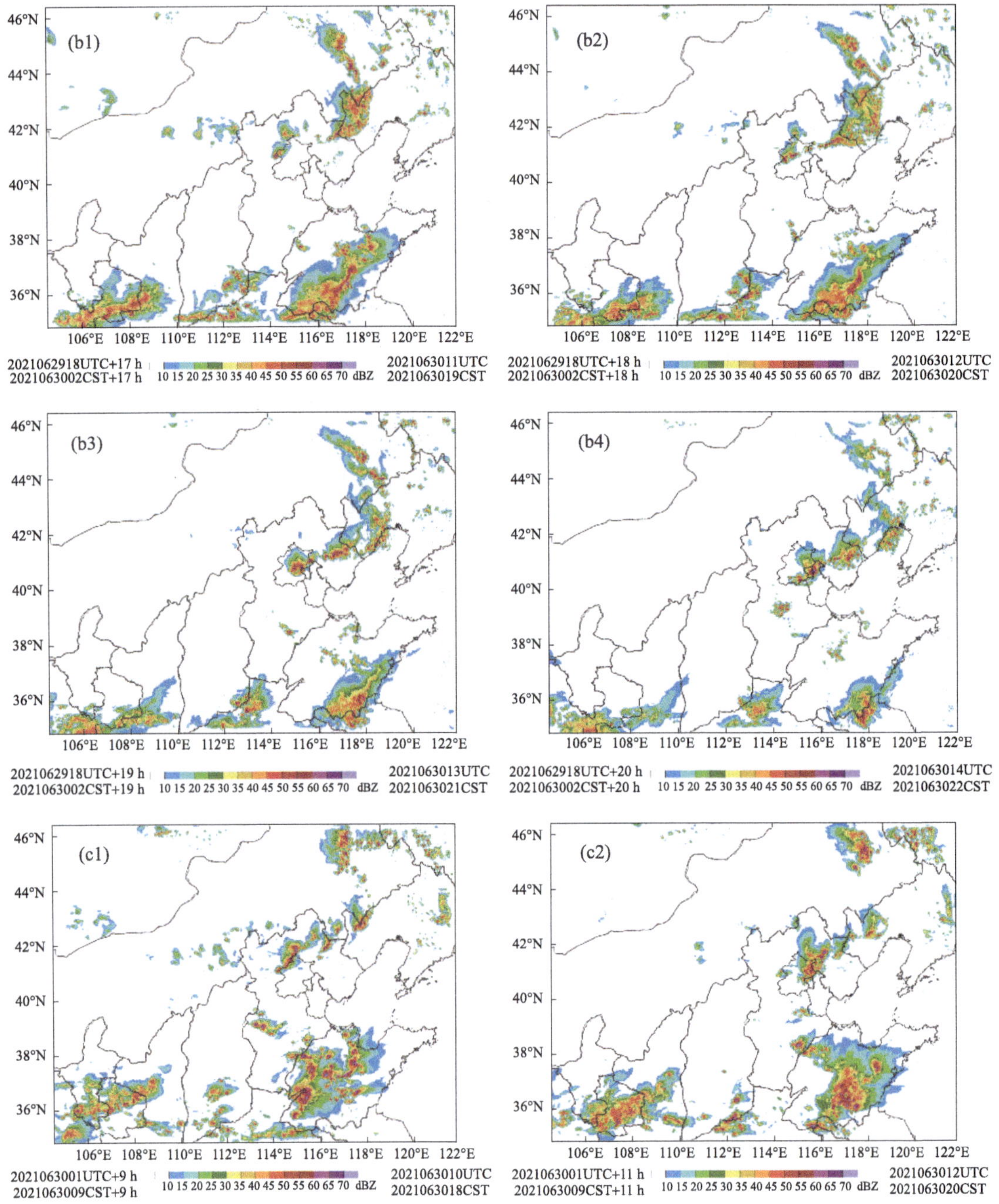

(b1)
2021062918UTC+17 h
2021063002CST+17 h
2021063011UTC
2021063019CST
(b2)
2021062918UTC+18 h
2021063002CST+18 h
2021063012UTC
2021063020CST
(b3)
2021062918UTC+19 h
2021063002CST+19 h
2021063013UTC
2021063021CST
(b4)
2021062918UTC+20 h
2021063002CST+20 h
2021063014UTC
2021063022CST
(c1)
2021063001UTC+9 h
2021063009CST+9 h
2021063010UTC
2021063018CST
(c2)
2021063001UTC+11 h
2021063009CST+11 h
2021063012UTC
2021063020CST
10 15 20 25 30 35 40 45 50 55 60 65 70 dBZ
36°N 38°N 40°N 42°N 44°N 46°N
106°E 108°E 110°E 112°E 114°E 116°E 118°E 120°E 122°E

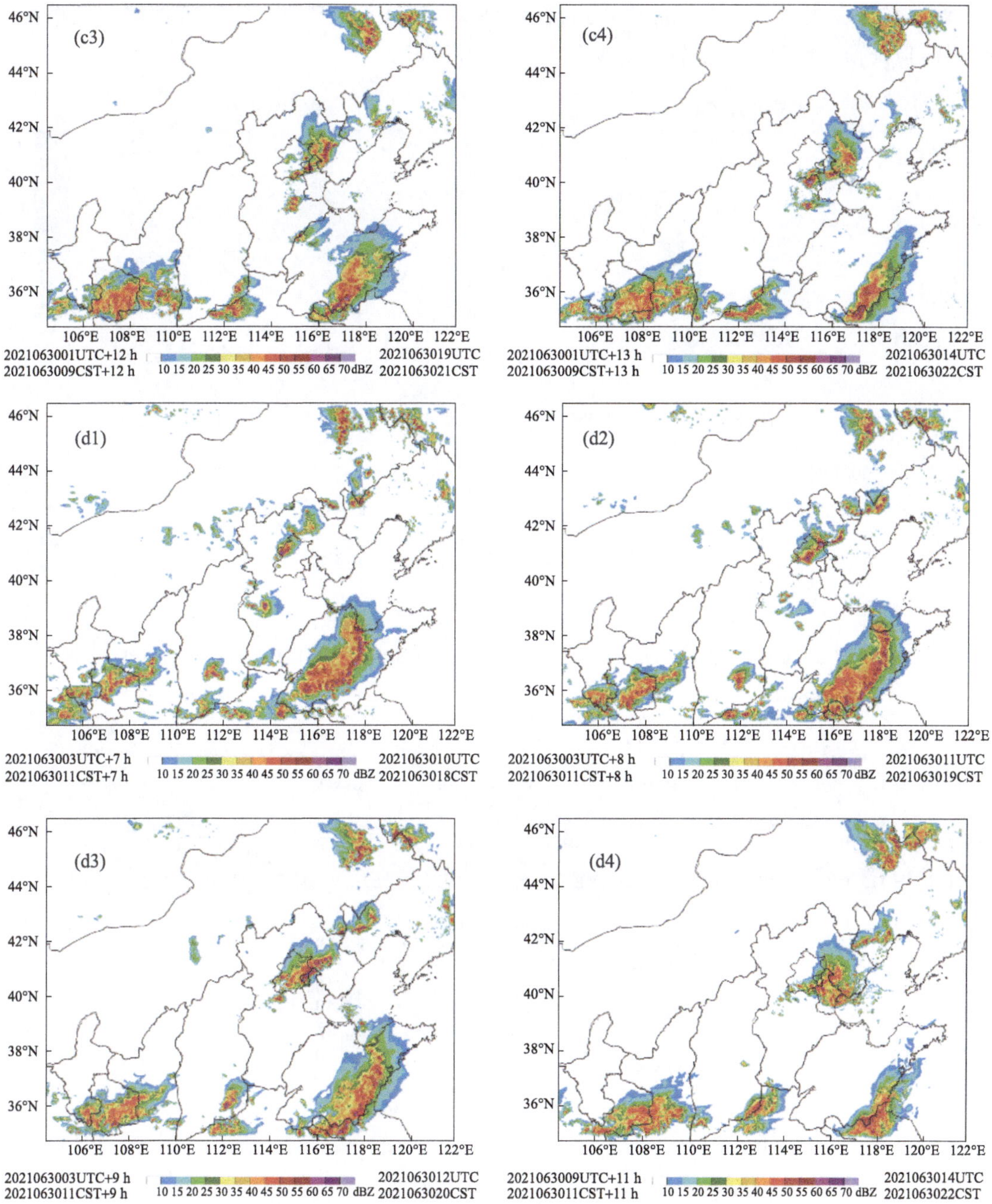

图 4.50　CMA-BJ 3 km 模式预报 6 月 30 日对流过程

（a 为 29 日 20 时起报，b 为 30 日 02 时起报，c 为 30 日 09 时起报，d 为 30 日 11 时起报）

(a1)15 时；(a2)16 时；(a3)17 时；(a4)18 时；(b1)19 时；(b2)20 时；(b3)21 时；(b4)22 时；(c1)18 时；

(c2)20 时；(c3)21 时；(c4)22 时；(d1)18 时；(d2)19 时；(d3)20 时；(d4)22 时

从 24 h 降水预报来看，6 月 29 日 08 时、30 日 02 时和 30 日 08 时预报效果较好，能体现出局地中到大雨，其余时次与 ECMWF 模式预报相差不大（图 4.51a 和图 4.51b）。从主城区 20—23 时降水预报检验来看，6 月 30 日 08 时和 16 时之后的临近时次雨量与实况较为接近，但是总体来看，大部分循环的单站降水预报都较实况偏弱，且多数为无明显降水（图 4.51c）。

从主城区当日(6 月 30 日)全天的降水预报检验来看，整体不太理想，30 日 11 时降水预报相对比较好，但是预报的降水时段较实况偏早 3 h(图 4.51d)。

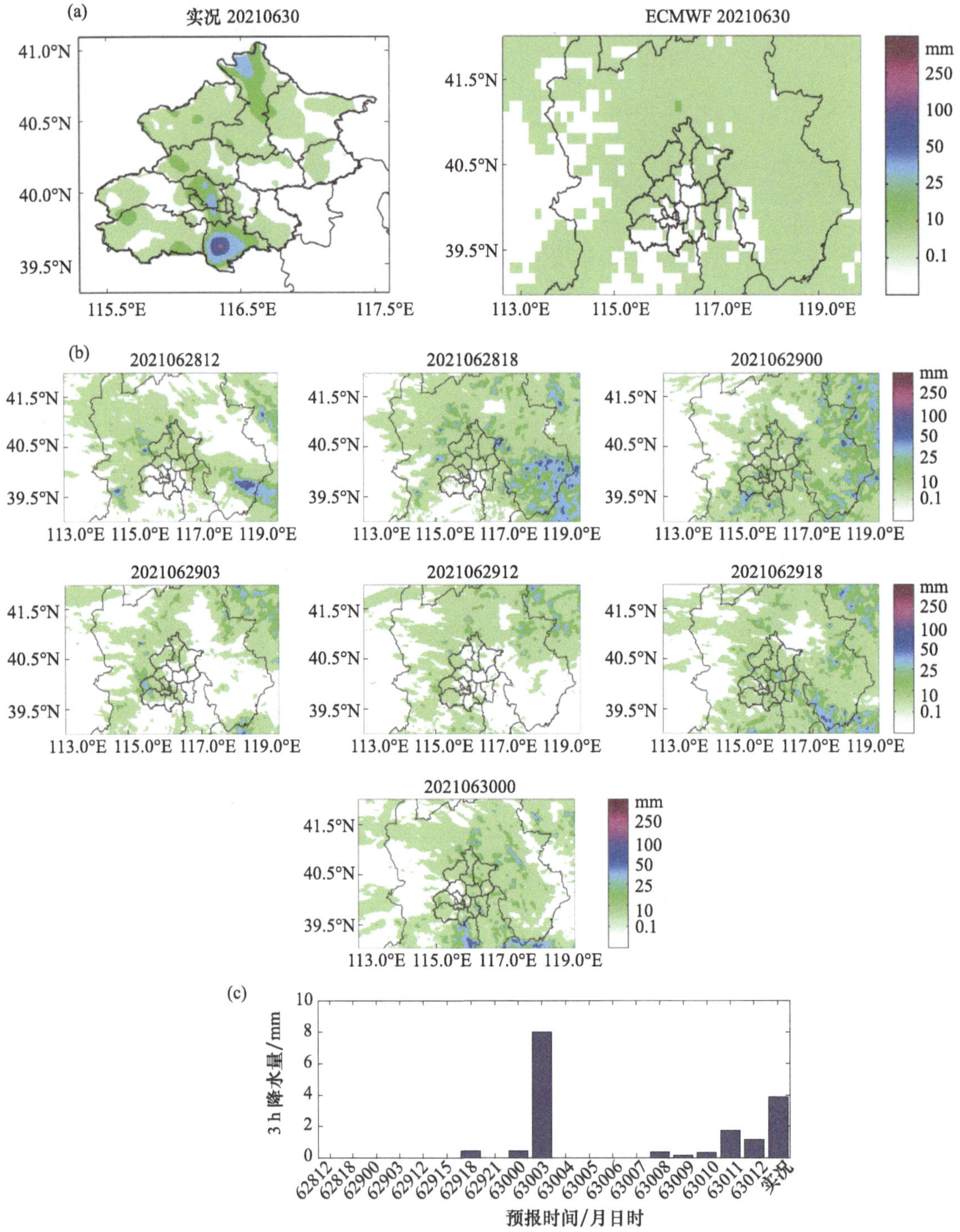

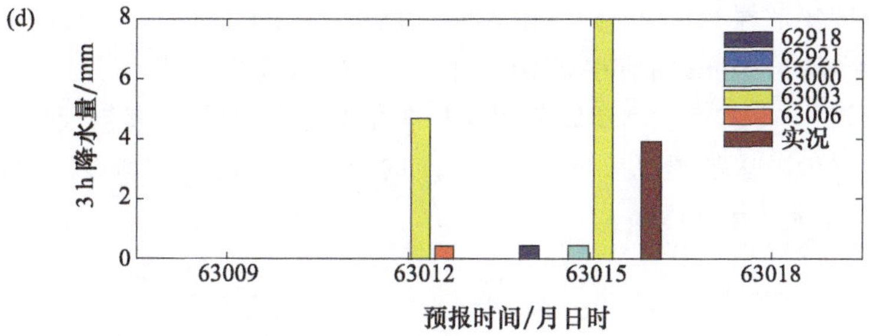

图 4.51　2021 年 6 月 30 日 24 h 降水实况与 ECMWF 模式预报对比(a)、CMA-BJ 3 km 模式多时次 24 h 降水预报(b)、CMA-BJ 3 km 模式多时次预报奥体中心 30 日 20—23 时降水与实况对比(c)和 CMA-BJ 3 km 模式多时次预报主城区 30 日逐 3 h 降水与实况对比(d)(图上为世界时)

4.4　睿图-睿思城区百米分辨率模式检验

睿图-睿思包含覆盖京津冀全域的睿图-睿思 500 m 分辨率系统(简称睿思-京津冀)和睿图-睿思城区 100 m 分辨率系统(简称睿思-城区)，后者在延续睿思冬奥山区 100 m 分辨率系统的基础上进行修改，于 2021 年 4 月上线，预报时效：24 h，产品包含温度、湿度、风场。图 4.52为睿思城区系统覆盖范围。

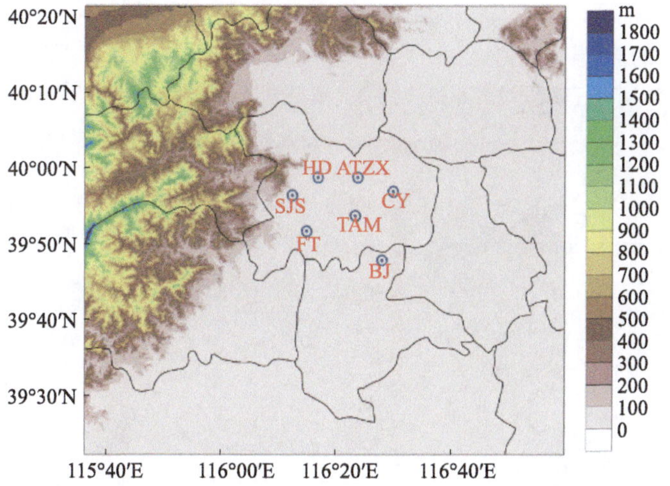

图 4.52　睿思城区系统的覆盖区域及地形

4.4.1　历史个例检验

利用睿思系统对历史高影响天气过程进行回算检验。以 2019 年 7 月 2 日雷雨大风过程为例。睿思-城区系统提前 5 h 预报大风(图 4.53)。睿思-京津冀系统提前 8 h 预报降水，雨带基本一致，雨量偏弱(图 4.54)。另外，睿思-城区系统也提前 5 h 报出了因雷阵雨引起的降温(图 4.55)。

图 4.56 给出了降水预报检验 CSI 和 BIAS 评分结果。从图中可以看出，降水 1 h 时效的 CSI 评分，0.1 mm 阈值在 0.35 以上，5 mm 约 0.20，10 mm 在 0.15 左右；2 h 时效的 CSI 评分，0.1 mm 超过 0.20，1 mm 阈值在 0.10 以上；3～12 h 时效的 CSI 评分，0.1 mm 和 1 mm 阈值分别达到或接近 0.10 和 0.05。BIAS 评分基本在 1 左右，空报和漏报较少。

睿思系统对局地降水的预报，1～2 h 有一定的定点、定时、定量预报能力，3～6 h 定量预报弱，6～12 h 可以预报有无降水。

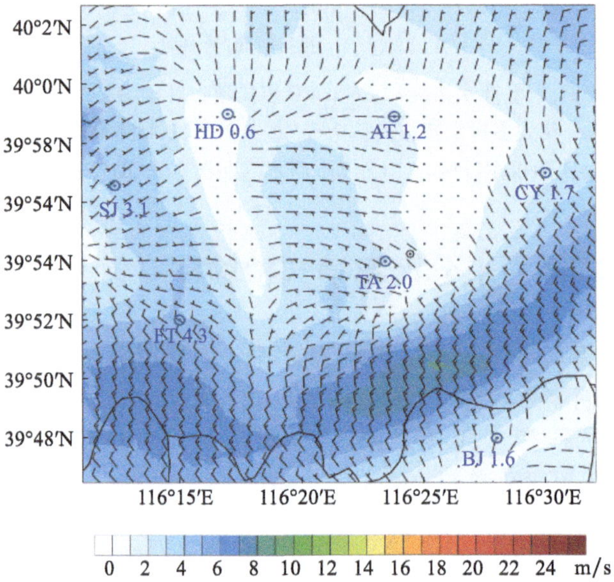

图 4.53　睿思-城区系统提前 5 h 预报大风（11 时起报，预报 16 时）

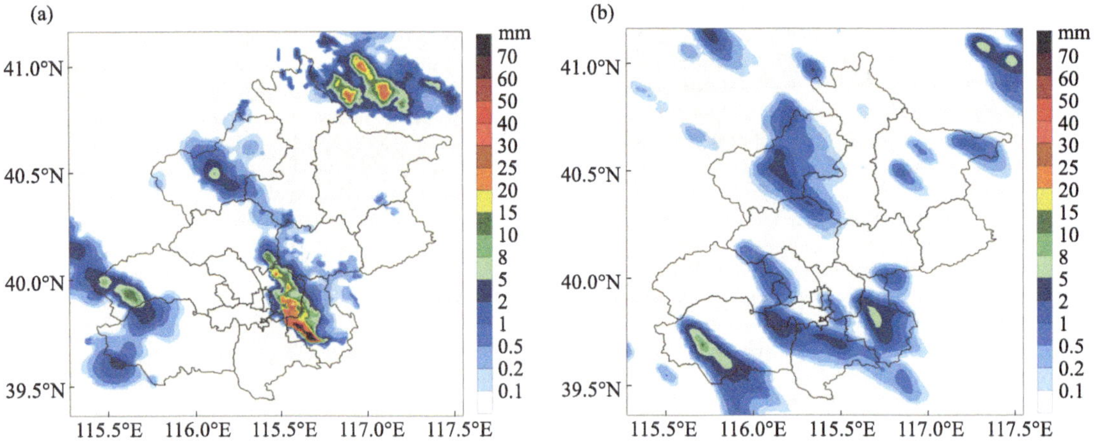

图 4.54　降水实况分析(a)和睿思-京津冀系统提前 8 h 降水预报(b)

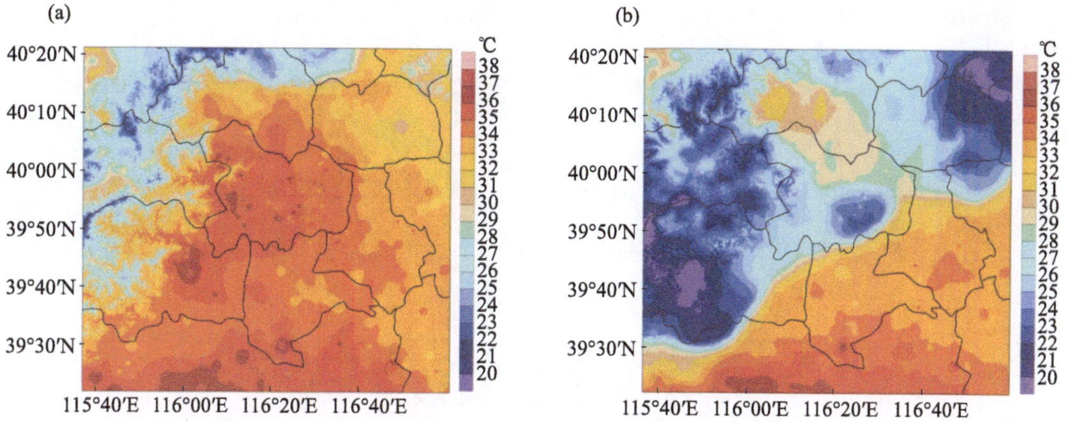

图 4.55 睿思-城区系统提前 5 h 预报对流前(a)和对流后(b)距地面 2 m 高度温度

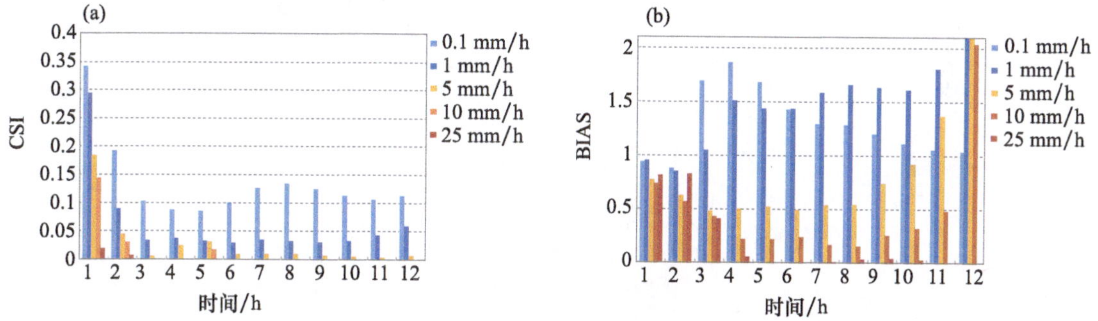

图 4.56 2019 年 7 月 2 日强对流过程降水预报检验

4.4.2 要素预报检验

统计 2016 年 6 月 23 日、2016 年 6 月 24 日、2016 年 6 月 26 日、2017 年 6 月 21 日、2018 年 6 月 30 日、2019 年 7 月 2 日这 6 个历史个例回算结果的平均误差,结果如下(图 4.57)。

UV 风误差:偏差负值,即城区预报常比实况偏小,平均在 −0.5 m/s 以内。绝对误差<1.5 m/s。

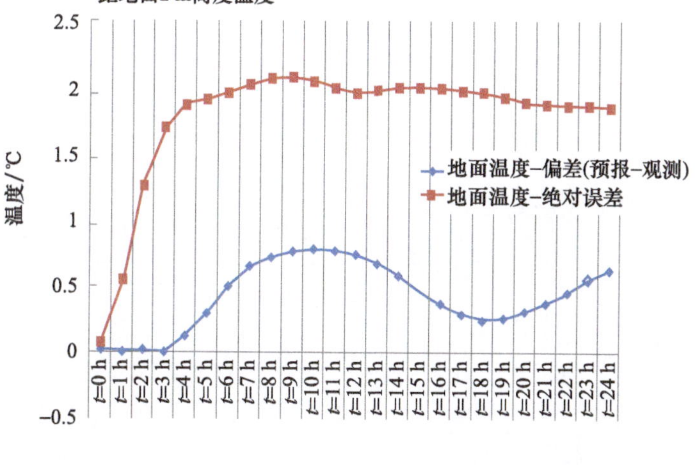

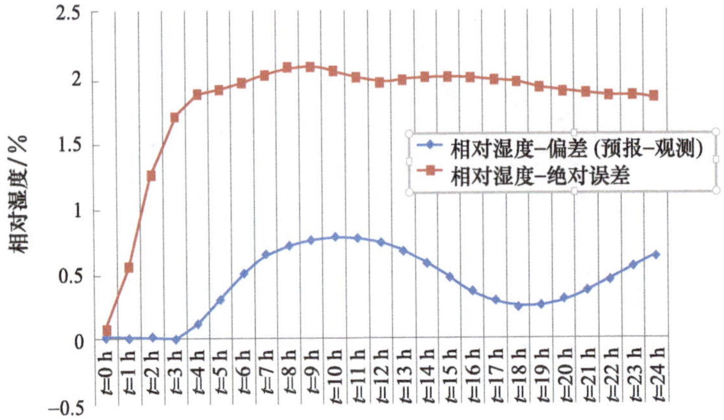

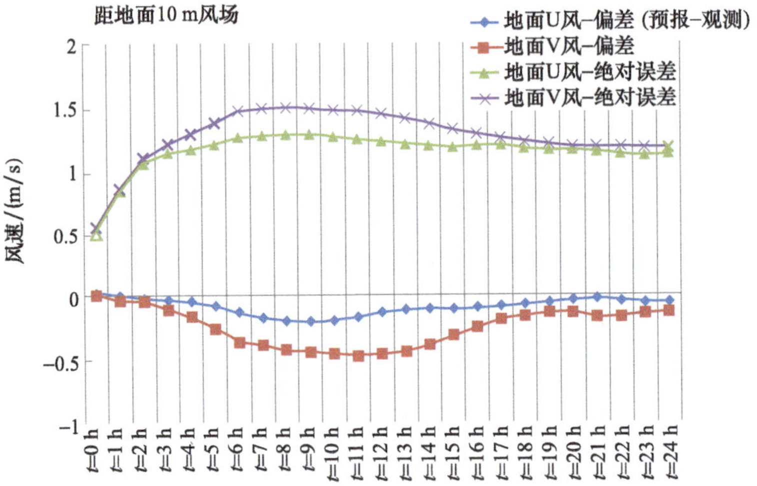

图 4.57 睿思-城区系统回算个例的平均误差

温度误差：偏差正值，即预报温度平均比实况偏高，0～3 h 预报误差小，之后增大。绝对误差在 2 ℃以内。

相对湿度误差：随时间的演变特征与温度较类似。